U0252910

ChatGPT
漫谈

邱才明 凌泽南 冯湛搏 杨昊 ◎ 编著

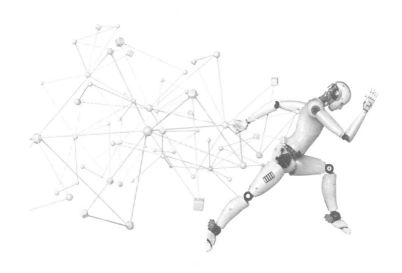

清華大學出版社

北京

内 容 简 介

本书深度探讨了构建和训练ChatGPT模型涉及的核心技术，以及ChatGPT在各种实际应用中的作用。全书精心划分为三部分，其中第1章为第1部分，第2章为第2部分，第3章和第4章为第3部分。首先，详细阐述了机器学习的历史演变与各种学习范式，同时也揭示了在人工智能生成内容（AIGC）领域下，图像处理和自然语言处理技术的历史发展趋势；接下来，对ChatGPT的运行机制和关键算法进行深度解析，包括大规模模型结构、上下文学习、强化学习、涌现机制等，引导读者深刻理解ChatGPT的本质和相应算法原理；最后，从应用角度出发，展示了ChatGPT在推动生产力变革方面的潜力，全面解析了ChatGPT在科研、教育、出版、医疗等行业的影响和未来前景。阅读本书后，读者可以获得对AIGC和ChatGPT的全面而深入的理解。

本书旨在服务不同层次的读者。对于初学者，它可作为一部理解深度学习技术的入门教材；对于从事自然语言处理研究、应用实践的科研人员和工程技术人员，它提供了深度的理论洞见和实践参考；对于那些在文本工作领域从业的人士，本书同样有着重要的参考价值。

图书在版编目（CIP）数据

ChatGPT 漫谈 / 邱才明等编著 . —北京：清华大学出版社，2024.1
ISBN 978-7-302-65264-9

Ⅰ.①C… Ⅱ.①邱… Ⅲ.①人工智能 Ⅳ.① TP18

中国国家版本馆 CIP 数据核字（2024）第 011891 号

责任编辑：白立军
封面设计：杨玉兰
责任校对：申晓焕
责任印制：沈 露

出版发行：清华大学出版社
　　　　　网　　　址：https://www.tup.com.cn，https://www.wqxuetang.com
　　　　　地　　　址：北京清华大学学研大厦 A 座　　邮　　编：100084
　　　　　社 总 机：010-83470000　　　　　　　　邮　　购：010-62786544
　　　　　投稿与读者服务：010-62776969，c-service@tup.tsinghua.edu.cn
　　　　　质量反馈：010-62772015，zhiliang@tup.tsinghua.edu.cn
　　　　　课件下载：https://www.tup.com.cn，010-83470236
印 装 者：三河市东方印刷有限公司
经　　销：全国新华书店
开　　本：148mm×210mm　　　　印　　张：8.375　　　字　　数：187 千字
版　　次：2024 年 1 月第 1 版　　　　　　　　　　印　　次：2024 年 1 月第1次印刷
定　　价：59.00 元

产品编号：101949-01

我们正处在一个人工智能快速崛起的时代，许多曾经遥不可及的技术现已成为现实。在所有这些进步中，ChatGPT 独树一帜。自 2022 年 11 月上线以来，ChatGPT 凭借其卓越的性能在全球范围内引起了热烈反响，短短两个月内，其活跃用户便突破了一亿。随着 2023 年 3 月 GPT 4 版本的发布，它的性能得到了进一步的提升，使人们有机会从新的角度思考人工智能与人类交互的可能性。

作为 OpenAI 的一项卓越人工智能产品，ChatGPT 基于强大的 GPT 模型进行训练，其目标是理解和生成人类的对话。无论是处理大规模的文本数据，还是在各种情境中与人类进行深度交谈，ChatGPT 都展现了其惊人的智能和能力。但是，它是如何运作的呢？它的潜力有多大？它将对未来产生何种影响？我们期望本书能够回答这些问题，并引发更多的思考和知识探索。

本书成稿时，ChatGPT 正式上线已经经历了 8 个月有余，市面上也出现了各种关于 ChatGPT 的图书。其中一部分是科普性质的，为读者普及 ChatGPT 的工作过程和使用方式；另一部分则深入探讨前沿的科研问题，虽然科研精度和深度无可挑剔，但对于大部分读者来说，可能难以理解。

因此，我们希望这本书能够介于科普书籍和艰深的科研文章之间，面向对人工智能、机器学习和自然语言处理有兴趣的读者，以及希望了解如何有效利用 ChatGPT 进行日常工作和学习的个人和组织，进行 ChatGPT 的原理到应用的讲解和说明，甚至希望本书可以成为 ChatGPT 学习和相关教学过程的一本教材参考。因此，本书从机器学习的历史开始，再到 ChatGPT 背后的关键算法和发展，最后是 ChatGPT 工具本身的使用和展望，以帮助读者全面理解这项技术。

本书分为 4 章。

在第 1 章，作者将带领读者走过人工智能生成内容的历史，从最初的人工智能技术发展，到深度学习的各类学习方式，包括监督学习、无监督学习以及强化学习。作者也将深入讨论计算机视觉和自然语言处理的发展及其在人工智能中的应用，如图像分类、目标检测、图像生成，以及文本分类、机器翻译，尤其是对话聊天和文本生成的技术。

第 2 章将全面介绍 ChatGPT。读者将了解到 ChatGPT 的发展历程，并深入探讨大规模语言模型的概述和工作原理，包括 Transformer 的网络架构，以及 BERT 和 GPT 模型。作者将深入讲解以 Prompt 为基础的指令微调技术和人在环路的强化学习训练，同时也会探究大语言模型的涌现机制。

第 3 章将详细阐述 ChatGPT 的各类应用与探索，并讨论由 ChatGPT 带来的技术浪潮，分享使用 ChatGPT 的策略和技巧，如 Prompt 工程、插件和应用，以及 ChatGPT 如何改变各行业的竞争格局，包括 IT、金融、法律、教育、传媒、医疗保健等行业。同时，作者也会深度剖析 ChatGPT 的局限性。

第 4 章将深入探讨人工智能向通用人工智能的发展趋势。讨论即将到来的辅助性人工智能，以及未来可能出现的"通用"人工智能的形态。最后，作者将专注于一些关于 ChatGPT 的争议和问题，例如，ChatGPT 生成的内容应该属于谁？ ChatGPT 是否真的具有创造性思维？

作　者

2024 年 1 月

03　第 3 章
ChatGPT 应用与探索　137

04 第 4 章
从人工智能到通用人工智能　240

## 第 1 章

人工智能生成内容简史

01

今之机器之用大进，人力可以胜天。

——梁启超

1.1 人工智能技术历史

过去的几十年间，计算机技术发展日新月异，从 20 世纪末的深蓝击败国际象棋冠军选手、21 世纪 AlphaGo 击败一众围棋冠军，到最近星际争霸比赛也被 AI 选手拿下，随着计算机的算力提高、算法增强，似乎任何有规则的竞技性任务都会被 AI 攻克。而 Diffusion Model 和 ChatGPT 的出现，标志着人工智能的另一个时代——艺术领域也被 AI 所侵占。

这一切的变化是怎么发生的呢？主要归结于两方面原因：一是硬件本身的提高，GPU 显卡的出现导致计算机的性能大幅度提升，各式各样的异构计算集群层出不穷，人工智能算法运行的环境和算力要求得到了初步满足；二是深度学习这一革命性技术的变革，从计算机视觉领域开始，到智能决策，再到今日的自然语言处理领域，深度学习不断证明了自己的强大潜力和实力。时至今日，人工智能产业不断发展，高新技术企业不断涌现，人工智能的技术变革远非一日造就，而是长达近一个世纪的技术人才共同努力的结果。

第一代神经网络（1958—1969 年）：虽然最早的神经网络思想源于 1943 年的 MCP 人工神经元模型，希望通过模仿人类神经反应的工作原理来建立计算机模型。但是第一次将其用于机器学习（分类）的是在 1958 年出现的感知机算法，该算法对输入的多维数据进行分类，并且利用梯度下降自动学习更新权值。但是，到了 1969 年，该模型被证明本质上是一种线性模型，无法解决异或的分类问题，导致感知机模型发展陷入停滞。

第二代神经网络（1986—1998 年）：Hinton 在 1986 年发明了适用于多层感知器（Multilayer Perceptron，MLP）的 BP 算法，并采用 Sigmoid 进行非线性映射，有效解决了非线性分类和学习的问题。这给神经网络的发展带来本质的提升和飞跃。1989 年，Robert Hecht-Nielsen 证明了 MLP 的万能逼近定理，即对于任何闭区间内的一个连续函数 f，都可以用含有一个隐含层的 BP 网络来逼近。这为深度学习的发展奠定了理论基础。同样也是在 1989 年，LeCun 发明了卷积神经网络——LeNet，并将其用于数字识别。但是，在 1989 年以后由于没有特别突出的方法被提出，且神经网络（Neural Network, NN）一直缺少相应的严格的数学理论支持，神经网络的热潮渐渐冷淡下去。进入 1991 年，BP 算法被指出存在梯度消失问题，即在误差梯度后向传递的过程中，后层梯度以乘性方式叠加到前层，由于 Sigmoid 函数的饱和特性，后层梯度本来就小，误差梯度传到前层时几乎为 0。因此，无法对前层进行有效学习，这导致了神经网络受到严重怀疑。1997 年，LSTM 模型被发明，尽管该模型在序列建模上的特性非常突出，但由于正处于 NN 的下坡期，也没有引起足够的重视。

第三代神经网络（2012 年至今）：2012 年，Hinton 课题组首次参加 ImageNet 图像识别比赛，其构建的 CNN 网络 AlexNet 一举夺得冠军，且碾压第二名（SVM 方法）的分类性能。也正是由于该比赛，深度学习技术开始爆发性发展，受到学术界的注意和研究。也正是从这一年开始，深度学习的能力不断被发展，从最早的卷积网络（经历了从较小的网络 AlexNet，到 ResNet，再到 DesNet，发展成为超大规模网络 VGG、Inception 等系列网络的过程），到长短时记忆网络，再到循环神经网络，最后到以注意力机制为基础的 Transformer 网络，深度学习已经变成时代的主流。

时至今日，**第四代神经网络**以超大规模的参数和模型为基础已经开始崭露头角，ChatGPT 为代表的大规模语言模型证明了无与伦比的强大实力，接下来我们将从历史的人工智能技术和范式开始，把人工智能的历史和 ChatGPT 的技术核心展现给大家。

1.2　深度学习技术

深度学习是一种基于人工神经网络的机器学习方法，它通过多层非线性变换将输入数据映射到输出空间中。深度学习的核心思想是利用多层神经元进行特征提取和抽象，从而实现更复杂的非线性函数拟合和分类。深度学习的最大特点是可以从数据中自动学习特征，避免了传统机器学习需要人工提取特征的烦琐过程。

根据学习过程中是否需要标记数据，机器学习方法可以分为
3类：监督学习、无监督学习和强化学习，其中监督学习是深度学
习技术应用的主要领域。

1.2.1　监督学习

监督学习的目标是从已有的标记数据中学习一个函数，用于对
新的未标记数据进行预测或分类。在监督学习中，模型通过学习输
入数据和对应的输出结果之间的关系，期望输出与预期输出相同的
结果。通过反复训练，模型可以自动地调整自己的权重和偏差，以
最小化预测结果与真实结果之间的误差。

根据标记数据类型的不同，可以将监督学习分为分类问题和回
归问题两种。

分类问题是指将输入数据分为预先定义好的类别，模型直接预
测这个离散的类别，也就是说，模型会将输入变量与离散的类别对
应起来。例如，给定一组乳腺癌肿瘤的医学数据，通过肿瘤的大小
来预测该肿瘤是恶性肿瘤还是良性肿瘤，这就是一个分类问题，可
以输出两个离散的值 0、1 来分别代表良性肿瘤和恶性肿瘤。

分类问题的输出类型也可以多于两个，例如，在该例子中肿瘤
可能分为良性、第一类肿瘤、第二类肿瘤、第三类肿瘤 4 个类型，
此时则可以用 0、1、2、3 四个离散值作为输出代表肿瘤类型。

图 1.1 对这个分类问题进行了描绘，图中 X 轴表示肿瘤的大小，
Y 轴表示是否是恶性肿瘤。当给定肿瘤大小时，需要判断出肿瘤是
恶性肿瘤还是良性肿瘤。

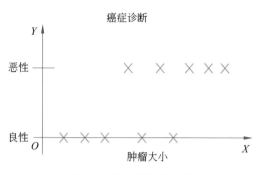

图 1.1　肿瘤的分类问题

　　上述示例中只使用了肿瘤大小这一个特征，但是更多时候人们会使用两个或者多个特征，如图 1.2 所示。此时 X 轴表示肿瘤的大小，Y 轴表示患者年龄，用 O 表示良性肿瘤，X 表示恶性肿瘤，我们可以从图 1.2 清楚地看出肿瘤的类型与患者肿瘤的大小以及年龄的关系。

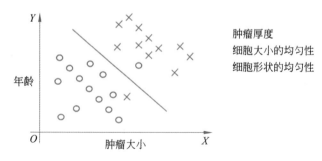

图 1.2　多个特征的肿瘤分类问题

　　除了这两个特征外，还可以有其他特征，如肿瘤厚度、细胞大小的均匀性以及细胞形状的均匀性等。

　　回归问题是指预测一个连续的输出变量，即模型会将输入变量和输出用一个连续函数对应起来。例如，图1.3通过房地产市场的数据，预测一个给定面积的房屋的价格就是一个回归问题。此时的房屋价格可以看作是面积的函数，是一个连续的输出值。

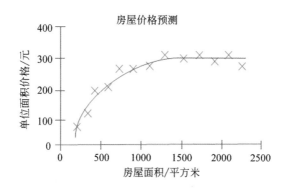

图 1.3　房屋价格预测的回归模型

监督学习的主要发展进程如下。

首先是20世纪50年代,Rosenblatt发明了第一个感知机模型，这是一个二元分类器，它使用一种称为Hebbian Learning规则的简单学习算法，可以对线性可分的数据进行分类。

20世纪80年代，决策树算法开始流行起来，主要有ID3、C4.5、CART等算法。其中，ID3算法是第一个被广泛采用的决策树算法之一，它利用熵和信息增益作为分裂准则，可以对非线性数据进行分类。

20世纪90年代，支持向量机（SVM）由Vapnik等人提出。SVM是一种非常优秀的二类分类方法，支持向量机通过构造最优的超平面来实现分类任务，可以对高维和非线性数据进行分类和预测。

20 世纪 90 年代后期，集成学习算法被引入。集成学习是一种将多个分类器组合起来进行分类的算法，可以提高分类准确率和鲁棒性。

进入 21 世纪后，深度学习开始快速发展，神经网络算法逐渐成为监督学习的主流算法之一。神经网络算法是一种模拟人脑神经系统的计算模型，它可以通过多层神经元的组合来实现复杂的非线性映射关系，相比于之前基于统计的方法更加适用于非线性的现实场景。

1. 决策树

决策树是 20 世纪监督学习中基于统计的代表性算法。决策树是一种树结构，可以用于分类和回归任务。在决策树中，每个节点代表一个特征，每个分支代表一个可能的值。

通过不断地分裂数据集，决策树可以将数据集分为不同的类别。图 1.4 是一棵基于西瓜分类的决策树，可以分别根据西瓜的纹理、根蒂、色泽以及触感来对西瓜的好坏进行分类。

决策树算法可以分为以下 4 个步骤。

（1）特征选择：从数据集中选择最优的特征来构建决策树。通常使用信息增益、信息增益比、基尼指数等方法来选择特征。

（2）决策树的生成：根据特征选择方法，递归地生成决策树。从根节点开始，根据选择的特征将数据集分成多个子集，每个子集对应一个分支。不断重复该过程，直到数据集中的所有数据都被正确分类或者无法再分为止。

（3）剪枝：生成的决策树可能存在过拟合的问题，需要进行剪

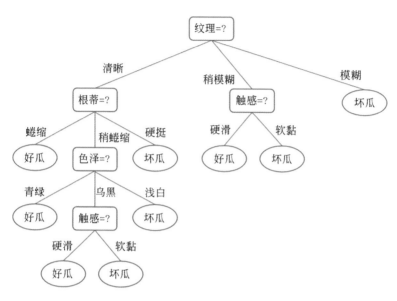

图 1.4　利用决策树模型对西瓜的好坏进行分类

枝处理。剪枝分为预剪枝和后剪枝两种方式。预剪枝是在决策树生成的过程中进行剪枝，即在决策树生成时，如果节点的划分不能带来决策树泛化性能的提升，则停止划分。后剪枝是在决策树生成完成之后，从底部开始，递归地对非叶子节点进行剪枝，即用叶子节点代替其子树，并检验剪枝后的决策树性能是否有所提升。

（4）分类：使用生成好的决策树对新数据进行分类。

2. 神经网络

神经网络的原理是基于神经元（Neuron）的计算模型。神经元是一种处理和传递信息的基本单元，它由细胞体、树突、轴突和突触等组成。神经元接收来自其他神经元的输入信号，并通过轴突将信号传递给其他神经元。神经元的输出信号是由输入信号加权和经过激活函数处理得到的，通常是一个非线性函数。

　　神经网络是由大量神经元组成的计算模型，它的基本结构是由输入层、隐藏层和输出层构成的多层神经元网络。神经网络的输入层接收外部输入，隐藏层和输出层则通过神经元之间的连接进行信息传递。神经网络的学习过程是通过调整神经元之间的连接权重和偏置来实现的，通常采用梯度下降等优化算法来最小化误差函数。实际应用中，网络输入层的每个神经元代表了一个特征，输出层个数代表了分类标签的个数，而隐藏层层数以及隐藏层神经元是由人工设定。一个基本的两层神经网络如图 1.5 所示。

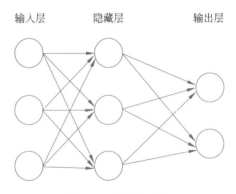

图 1.5　两层神经网络

　　神经网络的发展经历了多个阶段，从最初的单层感知机到现在的深度神经网络。其中，最重要的发展是反向传播算法的提出，它是一种基于梯度下降的优化算法，可以有效地训练多层神经网络。同时，随着计算机硬件的发展，神经网络的规模和复杂度也得到了大幅提升。

3. LeNet

随着神经网络的发展，LeNet 由 Yann LeCun 于 1998 年提出，这是一种经典的卷积神经网络（Convolutional Neural Network，CNN），该网络首次采用了卷积层、池化层这两个全新的神经网络组件，是第一个成功应用于手写数字识别的卷积神经网络，并且取得了瞩目的准确率。卷积层的权重共享特点使得它相较于全连接层，节省了相当多的计算量与内存空间，同时卷积层的局部连接特点可以保证图像的空间相关性。LeNet 的结构包括 7 层：2 个卷积层、2 个池化层和 3 个全连接层。

4. AlexNet

AlexNet 由 Alex Krizhevsky 于 2012 年提出，是在 2012 年 ImageNet 大规模视觉识别挑战赛（ILSVRC）中首次获得冠军的神经网络模型，其 top5 预测的错误率为 16.4%，远超第一名。AlexNet 采用 8 层的神经网络，5 个卷积层和 3 个全连接层 (3 个卷积层后面加了最大池化层)，包含 6 亿 3000 万个连接，6000 万个参数和 65 万个神经元。其网络结构如图 1.6 所示。

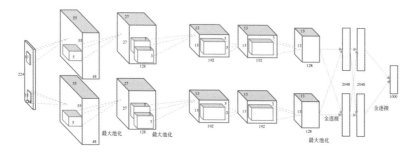

图 1.6 AlexNet 的网络结构

AlexNet 第一次将深度卷积神经网络应用于图像识别任务中，它的深度结构让其可以学习到更复杂的特征，从而提高准确性。除此以外，它还有如下创新点。

（1）AlexNet 使用了 ReLU 激活函数，相比于传统的 Sigmoid 激活函数，ReLU 可以加速训练过程并提高准确性。

（2）AlexNet 使用了 Dropout 技术来防止过拟合。Dropout 随机地将一些神经元的输出置为 0，从而可以减少神经元之间的依赖性，提高模型的泛化能力。

（3）AlexNet 使用了数据增强技术，通过对训练数据进行随机旋转、裁剪、翻转等操作来扩充训练集，从而提高了模型的泛化能力。

AlexNet 的贡献是推动了深度学习的发展，使得深度神经网络在计算机视觉领域获得了很大成功。AlexNet 的深度结构和卷积神经网络的应用，极大提高了图像识别任务的准确性，同时也促进了深度学习在其他领域的应用，为后续更加复杂的 VGG、ResNet 等网络的出现铺平了道路。

1.2.2　无监督学习

无监督学习不需要标记的数据，而是通过发现数据中的隐藏结构和模式来学习。无监督学习的目的通常是将数据聚类成不同的组，并发现数据中的隐藏结构。与监督学习中给定的数据不同，如图 1.7 所示，无监督学习中的数据没有给定任何标签。

无监督学习根据解决问题的不同，大致可以分为聚类问题、降维问题和关联分析这 3 种类型。

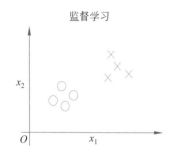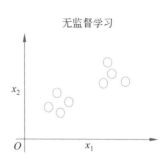

图 1.7　无监督学习（右）和监督学习（左）的对比

（1）聚类问题：如图 1.8 所示，将数据集中的样本按照相似度分成不同的簇，近似样本会被划分为同一个簇。

（2）降维问题：使数据集在尽可能保存有用结构和信息的同时对数据进行压缩，减少数据的维度。

图 1.8　无监督学习中的聚类问题

（3）关联分析：通过数据集中经常同时出现的样本集合以及关联规则，发现样本之间的联系和关系。

无监督学习的发展主要分为两个阶段：第一个阶段是统计分析阶段；第二个阶段是深度学习阶段。

20 世纪 60 年代至 20 世纪 80 年代，主要以聚类和降维为主要研究方向，如 K-means 聚类和主成分分析（PCA）等算法。

1. K-Means

K-Means 的核心目标是将数据集中的对象分组成具有相似特

征的 K 个类，并给出每个样本数据对应的中心点。K-Means 算法将数据集中的数据分为若干个类别，每个类别中的数据具有相似的特征。算法步骤可以分为以下 6 步。

（1）数据预处理。对数据集进行标准化和异常点过滤。

（2）随机选取 K 个中心，记为 $\mu_1^{(0)}$，$\mu_2^{(0)}$，$\cdots$，$\mu_k^{(0)}$。

（3）定义损失函数：

$$J(c, \mu) = \min \sum_{i=1}^{M} ||x_i - \mu_{c_i}||$$

（4）对于每一个样本 x_i，将其分配到距离最近的中心：

$$c_i^t <- \text{argmin}_k ||x_i - \mu_k^t||^2$$

（5）对于每一个类中心 k，重新计算该类的中心：

$$\mu_k^{(t+1)} <- \text{argmin}_k \sum_{i:c_i^t=k}^{b} ||x_i - \mu||^2$$

（6）令 $t=0,1,2,\cdots$ 为迭代步骤，重复（4）、（5）步过程直到 J 收敛。

K-Means 算法最核心的部分就是先固定中心点，调整每个样本所属的类别来减少 J；再固定每个样本的类别，调整中心点继续减小 J。两个过程交替循环，J 单调递减直到最小值时，中心点和样本划分的类别同时收敛。

21 世纪初至今，随着深度学习的兴起，无监督学习得到了广泛应用和发展，如基于自编码器（AutoEncoder）的方法、变分自编码器、生成式对抗网络（Generative Adversarial Network, GAN）等算法，这些算法在图像、语音、自然语言处理等领域取得了重大突破。

2. 自编码器

自编码器是一种无监督学习的神经网络模型。它的基本思想是将输入数据压缩到一个低维的编码空间中,然后再将编码解压缩回原始数据空间中。如图 1.9 所示,自编码器主要由编码器和解码器两部分组成,其中编码器将输入数据映射到编码空间中,解码器则将编码空间中的数据映射回原始数据空间中。

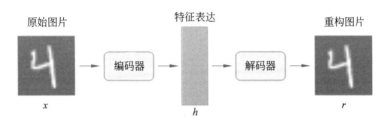

图 1.9 自编码器结构

具体来说,自编码器的训练过程可以分为两个阶段。

(1)编码阶段:将输入数据输入编码器中,通过编码器将数据压缩到一个低维的编码空间中,并得到编码后的特征向量。

(2)解码阶段:将编码器输出的特征向量输入解码器中,通过解码器将特征向量解码为原始数据,并计算解码后的数据与原始数据之间的误差。自编码器的目标就是最小化这个误差,同时使编码器和解码器的参数得到优化,以便更好地重构原始数据。

自编码器的应用非常广泛,例如可以用于图像压缩、降噪和图像生成等任务。此外,自编码器还可以用于特征学习,即将输入数据映射到一个更有意义、更易于处理的特征空间中,以便后续的分类和聚类等任务。

3. 生成式对抗网络

GAN 是一种无监督学习中的生成模型。它的基本思想是通过两个神经网络模型的对抗来生成新的数据集，其中一个模型是生成模型（Generative Model），它从潜在空间中随机生成样本；另一个模型则是判别模型（Discriminative Model），它负责区分生成模型生成的样本和真实样本。

GAN 的训练过程如图 1.10 所示，可以分为两个阶段。

（1）生成阶段：生成模型从潜在空间中随机生成样本，并将其传递给判别模型进行判别。生成模型的目标就是生成尽可能接近真实样本的样本，以此来欺骗判别模型。

（2）判别阶段：判别模型接收来自生成模型和真实样本的样本，并对其进行标记。判别模型的目标是尽可能准确地区分来自生成模型和真实样本的样本。

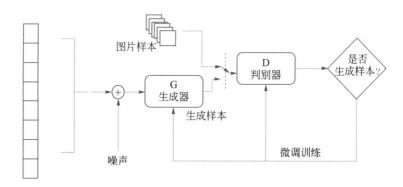

图 1.10　生成式对抗网络的训练

GAN 的训练过程是一个零和博弈，即生成模型和判别模型的优化目标相互矛盾。通过不断地迭代训练，GAN 可以逐渐学习到真实数据的分布，并生成尽可能真实的样本。GAN 在图像生成、语音生成、自然语言处理等领域中取得了重大突破，并成为了无监督学习的重要研究方向之一。

1.2.3 强化学习

强化学习是深度学习中的一种学习方式，它通过试错过程来学习如何在一个环境中采取行动以获得最大的奖励。在强化学习中，学习者和决策者统称为智能体 (agent)。除了智能体自身外，智能体打交道的任何东西都可以称为环境 (environment)。例如在自动驾驶中，自动驾驶车辆称为智能体，其学习驾驶策略并执行学到的驾驶策略，除了自动驾驶车辆之外的其他东西称为环境。一个智能体与一个环境进行交互，在每个时间步骤中，智能体接收环境的观测，并选择一个行动。环境根据智能体的行动和当前状态，返回一个奖励信号和下一个状态。强化学习算法的目标是找到一个策略，使智能体在环境中获得最大的奖励。

强化学习系统一般包括 4 个要素：策略、奖励、价值函数以及环境模型。

（1）策略：某一时刻下，智能体对于给定状态所做出的行为概率分布。策略可以看作一个从状态到行为的映射。

（2）奖励：在每个时间步骤内，智能体在当前状态下采取行动后，环境向智能体发出的标量值即为奖励，它能定义智能体表现好坏，类似人类感受到快乐或是痛苦。

（3）价值函数：价值函数可以被划分为状态值函数和状态 - 动作值函数，主要评估某一时刻下智能体采取状态或采取状态 - 动作对时的好坏程度，表示的是累计奖励的期望。与奖励的即时性不同，价值函数是对长期收益的衡量。

（4）环境模型：环境模型是智能体对环境的模拟和建模。当给出了状态与行为后，使用模型就可以预测接下来的状态和对应的奖励，以便于智能体采取动作。对于是否需要模型，强化学习系统可以分为基于模型（Model-based）、不基于模型（Model-free）两种不同方法，不基于模型的方法主要是通过对策略和价值函数分析进行学习。

如图 1.11 所示，大脑表示智能体，地球表示环境。在 t 时刻，智能体从某个状态开始，在环境中得到观测值 O_t 和标量奖励 R_t，执行动作 A_t，环境接收到智能体的动作 A_t 后，更新信息，发出下一时刻的观测值 O_{t+1} 和下一个时刻的奖励 R_{t+1}。在 $t+1$ 时刻，智能体接收到 O_{t+1} 和 R_{t+1} 后，执行动作 A_{t+1} 这种交互过程产生了一个时间序列：O_t，R_t，A_t，O_{t+1}，R_{t+1}，A_{t+1}，…

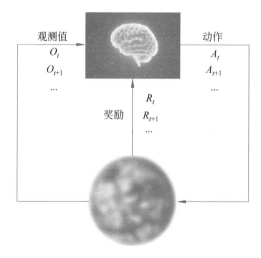

图 1.11　强化学习过程

在每个时间步，智能体都会在当前状态根据观察来确定下一步的动作。因此，状态和动作之间存在映射关系，这种关系就是策略，用 π 表示：

$$\pi:S\to A$$

记作：$a=\pi(s)$，a 表示动作，s 表示状态。

强化学习开始时往往采用随机策略进行实验得到一系列的状态、动作和奖励样本，算法根据样本改进策略，最大化奖励，整个交互过程如图 1.12 所示。

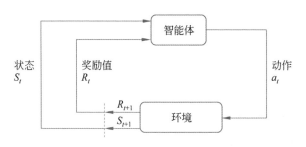

图 1.12　强化学习的抽象模型

强化学习的应用非常广泛，包括游戏玩法、机器人控制、自动驾驶等。

强化学习算法分类按照 3 个标准来划分，这 3 个标准代表了强化学习的两个方面，可以进行交叉组合。

（1）根据强化学习更新方式可以将其分成基于值（value）或者基于策略（policy）的两类。前者指 Agent 训练过程中不断更新动作价值函数（$Q(s,a)$ 或者 $Q(s)$）之后按照函数 Q 的数值大小进行决策，所以被称为基于值的更新算法。后者指 Agent 在训练过程中通过策略梯度更新策略函数 $\pi(s)$，之后通过价值函数 $V(s)$ 来反馈获得更新，得到价值函数最大的策略 π。

（2）根据强化学习采样的策略与智能体执行策略相同与否，可以将强化学习算法分成同策略（On-policy）和离策略（Off-policy），On-policy 指 Agent 训练过程中，采样策略和 Agent 策略相同，后者指采样策略与 Agent 策略不同，例如可能进行均匀或者随机采样等。

（3）根据强化学习算法是否学习环境模型建立，可以将算法分成基于模型（Model-base）和无模型（Model-free）。前者指在训练 Agent 的过程中，Agent 会学习环境模型进行建模，通常是建立状态转换概率（$P(s'|s)$ 或者 $P(s^\wedge{}'|s,a)$ 等）。后者指在训练过程中，Agent 不学习转换概率而是直接学习建立价值函数（$V(s)$ 或者 $Q(a,s)$ 等）。

1. 值迭代和策略迭代

值迭代和策略迭代是两种动态规划的算法，用于解决奖励值已知且状态转移概率确定的问题，二者比较相似。

二者都是从一个初始策略 / 动作出发（初始通常是随机动作），然后对当前策略进行评估，得到评估之后迭代改进策略，以此循环，不断评估改进，直到收敛，得到最优策略。

对于策略迭代，就是计算当前策略的价值函数 V_π：

$$
\begin{aligned}
V_\pi(s) &= E_\pi[G_t|S_t=s] \\
&= E_\pi[R_{t+1}+\gamma G_{t+1}|S_t=s] \\
&= E_\pi[R_{t+1}+\gamma V(S_{t+1})|S_t=s] \\
&= \sum_a \pi(a|s) \sum_{s'} P(s'|s,a)(R(s'|s,a)+\gamma V_\pi(s'))
\end{aligned}
$$

将上述公式写成动态规划迭代更新的形式，即为

$$V_{k+1}=\sum_a \pi(a|s)\sum_{s'}P(s'|s,a)(R(s'|s,a)+\gamma V_k(s'))$$

其中，V_k 代表第 k 次迭代时，当前策略 π 的价值函数。

每次迭代完成后，计算每个状态 s 下的所有动作的期望价值：

$$Q_\pi(s,a)=\sum_{s',r}P(s',r|s,a)(r+\gamma V_\pi(s'))$$

然后利用下式进行策略更新：

$$\pi_{k+1}(s)=\arg\max_a Q_{\pi_{k+1}}(s,a)$$

经过以上过程不断迭代，直到价值函数收敛，得到最优策略，整个过程如下所示。

策略迭代算法

loop

给定初始策略 π，求解线性方程，计算出 π 相应的值函数 V

$$V(s):=R(s,\pi(s))+\gamma\sum_{s'}T(s,a,s')V(s')$$

基于计算出的值函数 V，按下式更新策略

$$\pi(s)\leftarrow\arg\max_a\{R(s,a)+\gamma\sum_{s'}T(s,a,s')V(s')\}$$

直到收敛 *end loop*

策略迭代算法最终收敛到最优值

收敛到最优值所需的迭代不大于 $|A|^{|s|}$（确定性策略的总数目）

值迭代和策略迭代类似，只是每次更新时只更新动作的期望价值，而没有策略，每次迭代也是利用当前最大价值动作更新：

值迭代
值迭代（value iteration）算法求 V_t 序列，借助于辅助 $Q_t^a(s)$，其直观含义为：在 s 执行 a，然后执行 $t-1$ 步的最优策略所产生的预期回报

对所有$s \in S, V_0(s):=0; t:=0;$

   loop

     $t:=t+1$

     loop 对所有 $s \in S$

       loop 对所有 $a \in A$

$$Q_t^a(s):=R(s,a)+\gamma \sum_{s'} T(s,a,s')V_{t-1}(s')$$

       end loop

$$V_t(s):=\max_a Q_t^a(s) \ (Bellman \ equation)$$

     end loop

until $|V_t(s)-V_{t-1}(s)| < \varepsilon$ 对所有 $s \in S$ 成立

 end loop

2. Q-learning

策略迭代和值迭代有一个最大的缺点在于，每次更新时，均需要对所有状态 S 和该状态下的所有动作 A 进行价值函数的更新，这就导致如下两个问题。

（1）**状态转换概率必须已知**。当状态转换概率 $P(s'|s,a)$ 未知时，价值函数迭代更新无法计算，因此导致两种迭代算法无法进行。

（2）**所有状态和动作遍历更新导致连续动作或者连续状态无法求解**。当动作和状态离散时，可以将价值函数建立成一个表格，完成所有更新，但是当二者是连续变量时，这种迭代过程就无法计算，导致算法失效，当然，即使是离散状态时，这种更新方式的时间和空间复杂度也是非常高的。

正是因为存在上述两个问题，才出现了更多的改进算法，例如当转换概率未知时，可以利用蒙特卡洛算法进行计算，利用历史采样数据统计得到转换概率解决第一个问题，当然时间和空间复杂度依然比较大。目前为止较为普遍的一种方法是 Q-learning。

Q-learning 是一种基于值的 Off-policy 算法，利用 TD(Temporal-Difference，时间差分) 方法来估计当前的动作价值，通过不断迭代得到环境的真实价值。

在策略迭代和值迭代的方法中，期望价值通过下式得到：

$$Q_\pi(s,a)=\sum_{s',r} P(s',r|s,a)(r+\gamma V\pi(s'))$$

考虑到价值函数 V_π 的计算方式，可以得到：

$$Q_\pi(s,a)=\sum_{s',r} P(s',r|s,a)(r+\gamma Q_\pi(s',\pi(s')))$$

又因为策略 π 是最大 Q 函数的策略，因此将最优策略代入，可以得到：

$$Q_\pi(s,a)=\sum_{s',r} P(s',r|s,a)(r+\gamma \max_{a'} Q(s',a'))$$

可以看出，每次迭代时，本质上是 Q 函数的迭代过程。因此，利用 TD 方法，利用 Q 的误差不断迭代，使得当前的 Q 值不断逼近最优的 Q 值，就可以忽略掉状态概率的问题，而直接得到最优的 Q：

$$Q(s,a) \leftarrow Q(s,a)+\alpha[r+\gamma \max_{a'} Q(s',a')-Q(s,a)]$$

即通过 TD 误差逼近真实的 Q 值，这种更新方式就是 Q-learning

的过程，其中 α 指学习率，即每次更新 Q 值的步长。

3. 强化学习实验环境

与其他机器学习不同，强化学习需要和环境进行交互。因此，仿真器和虚拟环境的模拟显得至关重要，在目前的主流框架中，存在各种各样的强化学习环境，以下介绍几个比较有名的环境。

目前最主流的环境是 OpenAI 开发并开源的 gym 环境，通过 pip 的方式就可以安装得到，整个环境包括了几个类别。

（1）Atari 游戏，这类环境是红白机的一些经典游戏，例如图 1.13 所示的空间入侵者（SpaceInvaders）、吃豆人（MsPacman）等。其输入格式为三通道的图片，动作则是红白机手柄按键操作。这类游戏比较考验模型学习和图像识别能力。

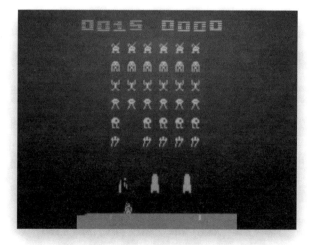

RandomAgent on SpaceInvaders-v0

图 1.13　Atari 游戏示例

（2）机器人控制，这类环境是自动化的机器人关节和机械臂控制仿真，典型环境包括如图 1.14 所示的一阶倒立摆（Cart-pole）的控制等，这类环境复杂度比较高，存在一定的合作和控制策略的考验。

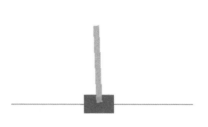

图 1.14　一阶倒立摆

4. 强化学习和深度学习

深度学习，特别是神经网络工具的使用，使得函数泛化和应用大大提高，解决了一系列的认知问题（例如识别、判断、分类等）。强化学习作为机器学习的另一分支，主要解决 AI 应用中的决策问题（例如推荐、规划、动作选择等），因此二者是相互独立但又相互借鉴的关系。

强化学习中的一些问题，例如之前提过的动作和状态空间连续的问题，就可以通过神经网络的拟合泛化解决，由此诞生了一系列最先进的算法，例如从 Q-learning 而来的 DQN 算法（Deep Q-learning Network），从策略梯度来的置信域策略优化算法（Trust Region Policy Optimization，TRPO）和近端策略优化算法（Proximal Policy Optimization，PPO）等，这些都是目前主流且性能极好的算法，如果想进一步了解这方面的知识，可以基于这几种算法进行学习和研究。

整体而言，强化学习远远不够成熟，应用层面更是少之又少。因此，作为一个新兴的机器学习社群，强化学习还在一步步地扩大、发展。

1.3　计算机视觉

在 ChatGPT 火爆之前，图像处理是人工智能的焦点领域。使用人工智能进行图像处理最早可以追溯到 1956 年，当时 Frank Rosenblatt 提出了感知机模型对图像进行分类。然而感知机模型虽然作为最早的神经网络模型，由于其只能处理线性可分问题的局限性，而没有获得人们的关注。人工智能也在随后很长一段时间里陷入了沉寂，直到深度学习技术的出现。21 世纪以来席卷人工智能乃至其他领域的深度学习风暴最初就是出现在图像分类领域。在 2012 年的 ImageNet 图像识别挑战赛中，Alex Krizhevsky、Ilya Sutskever 和 Geoffrey Hinton 提出了一种深度卷积神经网络——AlexNet——并一举在比赛中夺得冠军。AlexNet 的成功标志着深度卷积网络在大规模视觉识别任务中的首次成功，开创了深度学习技术在计算机视觉领域的先河，点燃了深度学习技术的熊熊烈火并席卷了整个人工智能领域。可以说，在 ChatGPT 席卷全球之前，图像领域是人工智能皇冠上最璀璨的那颗明珠。

1.3.1　图像分类

图像分类是人工智能在图像领域的"策源地"。人工智能技术在图像领域最初的应用就是用来进行图像分类，对人工智能来说，图像分类一直是等待攀登和超越的高峰，一大批经典的人工智能技术都是针对图像分类任务提出并扩散到其他领域。从最简单的感知机模型到如今数百数千层的卷积网络，人工智能在图像分类领域取得了一次又一次的进步并一次又一次地给其他领域提供了启发。

1. 感知机

20 世纪 50 年代末期，Frank Rosenblatt 针对图像分类问题提出了感知机模型（perceptron）。第一个面世的感知机寄身于一台足有 5 吨重、面积大若一间屋子的 IBM 704，它被"喂"进一系列的打孔卡。经过 50 次试验，它自己学会了识别卡片上的标记是在左侧还是右侧。感知机模型是神经网络的最简单形式，它的灵感来自于生物大脑中大量存在的神经元，神经元保持未激活状态并在收到一定程度的刺激后被激活，无数的神经元组合使得大脑能够对外界的刺激做出反馈。感知机中模拟了神经元的工作原理，它们接受多个输入信号（刺激）并输出一个信号（反馈）。图 1.15 是一个二输入感知机的例子，其中 x_1 和 x_2 是输入信号，y 是输出的二值信号（0 或 1），w_1 和 w_2 是分别赋在 x_1 和 x_2 上的权重。图中的 O 被称为"神经元"或者"节点"，输入信号在进入神经元时会乘上权重，神经元计算传入信号的总和的值，当

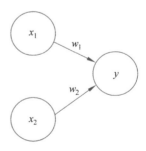

图 1.15 二输入的感知机模型

这个值超过某个阈值（θ）时，神经元被激活并输出 1，否则神经元未激活并输出 0。

神经元的工作原理用数学表达为

$$y=\begin{cases} 0 & (w_1x_1+w_2x_2 \leqslant \theta) \\ 1 & (w_1x_1+w_2x_2 > \theta) \end{cases}$$

感知机经过反复迭代来调整权重直到收敛并以此自动从数据中学习特征并进行分类。

令人惋惜的是，感知机只能线性地进行二分类而对最简单的非线性二分类问题束手无策。当时大部分人都认为感知机失败了，在这之后神经网络的研究也逐渐淡出人们视线，那段时间甚至被形容为"20 年大饥荒"。

1974 年，Paul Werbos 在其博士论文中提出了多层感知机（MLP），将 Frank Rosenblatt 提出的感知机拓展为多个神经元、多层神经元的结构。虽然这样的多层感知机获得了学习复杂非线性函数的功能，但是由于计算资源的匮乏，这个模型仍然没有引起太多关注。"饥荒"持续到 20 世纪 80 年代，得益于计算机性能的提升，多层感知机开始引起人们的重视。其中，最重要的事件当属 Geoffrey Hinton、David Rumelhart 和 Ronald Williams 等人提出了反向传播算法，该算法可以高效地计算多层感知机中的权重和偏置，使多层感知机的训练变得更容易。之后的几十年中，多层感知机不断地改进和发展。

2. 支持向量机（SVM）和随机森林

在 21 世纪初期，研究人员开始将支持向量机和随机森林应用于图像分类问题并获得一定成功。支持向量机（Support Vector Machine，SVM）是一种常见的机器学习算法，由苏联数学家和计算机科学家 Vladimir Vapnik 和 Alexey Chervonenkis 首次提出，支持向量机主要应用于分类和回归问题。其基本思想是将数据映射到一个高维空间中，并在这个高维空间中找到一个最优的超平面来将数据划分开并使得数据点在超平面两侧的距离最大。

随机森林（Random Forest）是一种集成学习算法，它由 Leo Breiman 和 Adele Cutler 于 2001 年提出。随机森林由多个决策树构成，这也是其名字中"森林"的由来，每个决策树基于随机抽取的样本进行训练，在每个决策树的节点上，随机森林使用基尼指数或信息增益来选择最佳的分裂特征和分裂点，从而得到更准确的分类结果。

使用支持向量机或者随机森林算法进行图像分类的思路是将图像转化为一组特征向量，这些特征向量可以是颜色、纹理、特征等，然后使用支持向量机或者随机森林对特征向量进行分类。这一方法在当时取得了较为先进的效果，但是其缺陷也很明显：特征需要人工选择和设计，这需要大量的专业知识，并且在复杂分类任务中特征的设计将变得异常困难。也正是因为其需要人工设计特征的缺点，支持向量机和随机森林算法在图像分类领域逐步被卷积神经网络这类自动提取特征的模型所淘汰。

3. 卷积神经网络（CNN）

卷积神经网络（Convolutional Neural Network，CNN）起源于 20 世纪 80 年代，最初是用于处理文本和语音等序列数据的神经网络模型，卷积神经网络可以简单地描述为多层感知机加上卷积操作。1991 年，Yann LeCun 及其团队针对美国邮政服务的手写数字识别任务提出了一种卷积神经网络模型并将该模型命名为 LeNet，这一模型在手写数字识别任务中取得了当时最先进的效果并引发了广泛关注。LeNet 的问世标志着 CNN 模型在图像分类领域的崛起并至今处于垄断性的地位，大大推动了深度学习的发展。如图 1.16 所示，LeNet 模型采用了卷积层、池化层和全连接层（可以理解为多层感知机）的结构，通过卷积操作可以提取输入图像中的特征，池化操作可以对特征图进行降维，全连接层则对特征进行分类。LeNet 模型的设计思路启发了后来一系列标志性的深度学习模型，如 AlexNet、VGG 和 ResNet 等。

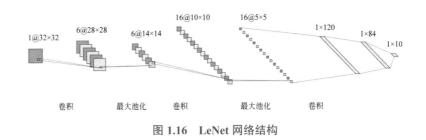

图 1.16　LeNet 网络结构

如果说 LeNet 的问世标志着 CNN 模型的崛起，那么 AlexNet 的问世说明了由 CNN 统治的时代正式拉开序幕。在 2012 年由谷歌公司举办的 ImageNet 图像识别大赛上，Alex Krizhevsky 等 3 位研究员提出了一种全新的卷积神经网络模型——AlexNet，这一模型惊人地将误差率记录由原先的 26% 提升到了 15.3%，超越了传统图像分类模型的领先地位。如图 1.17 所示，AlexNet 的模型结构

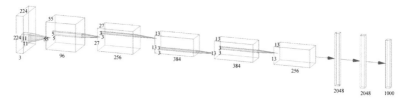

图 1.17　AlexNet 的模型结构

包括 5 个卷积层、3 个最大池化层、2 个全连接层和 1 个 softmax 分类器。

AlexNet 在当时有多项创新，并且它带来的这些"新玩意儿"极大地启发了后续深度学习的发展，其中包括：

（1）第一次使用 GPU 训练模型。相比于速度低下的 CPU，AlexNet 第一次将 GPU 用于深度学习的网络训练，极大地加快了训练速度。

（2）激活函数。AlexNet 首次使用了 ReLU（Rectified Linear Unit）激活函数，相比之前使用的 sigmoid 等函数，ReLU 具有更快的收敛速度和更好的效果。

（3）数据增强技术。AlexNet 首次使用了数据增强技术，对图像进行旋转、裁剪、翻转等变换，以增加样本的多样性，缓解了过拟合问题。

（4）首次引入 Dropout。AlexNet 引入了 Dropout，在训练过程中随机将一些神经元输出置 0，大大降低了网络的过拟合风险。

AlexNet 的问世对深度学习和图像分类领域产生深远影响。它引领了卷积神经网络的革命，开启了深度学习时代，并在图像分类任务中取得了非常显著的成果。同时，AlexNet 的成功也推动了更多的研究者投入到人工智能和计算机视觉领域的研究中，推动了这个领域的不断发展。

由 AlexNet 掀起的卷积神经网络的风暴仍席卷着图像分类领域。并且随着研究的进展，基于卷积神经网络的图像分类模型取得了惊人的效果并已经在各个维度上远超人类。可以说，在 ChatGPT 面世之前，图像分类是人工智能技术的一块丰碑，因为在这个领域上，人工智能第一次超过了人类的能力甚至将人类甩在脑后。

4. VGG 网络

仅仅两年后，又一革命性的网络引起了人们的关注。自 AlexNet 在图像分类中取得显著的优势以来，深度学习得到了广泛应用，但是其结构复杂、参数量巨大的特点使其训练变得十分困难。所以，人们一直在寻求一种更简单、更容易训练的深度卷积神经网络模型。直到 2014 年，仍然是在 ImageNet 大赛中，来自牛津大学的 Karen Simonyan 和 Andrew Zisserman 提出了 VGG 网络模型并取得大赛的最好成果，如图 1.18 所示。相比于之前复杂且庞大的深度卷积神经网络，VGG 网络具有两个特点。首先是使用小的卷积核：VGG 网络使用非常小的 3×3 的卷积核来增加网络深度而不增加参数数量。这种卷积核的大小可以使网络学习更加准确的特征表示，并且可以减少参数数量，使得网络更易于训练和优化，VGG 网络还采用了多个连续的卷积层来增加网络深度，以此增强网络对图像特征的表达能力。然后是 VGG 网络采用规范化的网络结构：VGG 网络使用了池化层和全连接层等经典的卷积神经网络结构，并且这些层的参数设置和顺序都非常规范，例如卷积层采用相同的卷积核大小和步长，池化层都采用最大池化。

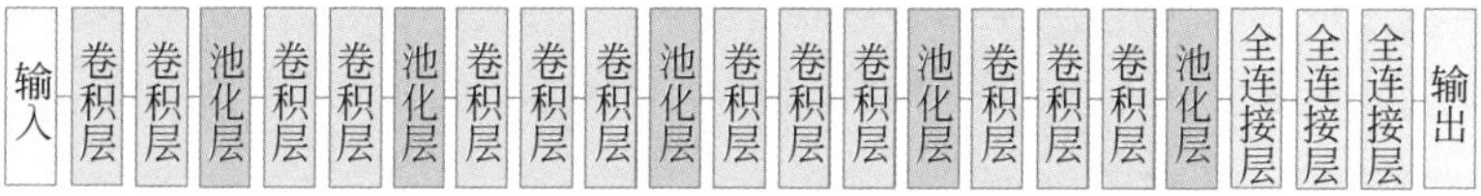

图 1.18　VGG 网络结构

VGG 网络在图像分类精度上取得了当时最先进的成果，更加深刻地证明了深度卷积神经网络在图像分类领域的成功。但其更深刻的影响在于网络结构的设计思想，它使用了简单且规范的网络结构设计，这种结构使得网络的训练和调试变得更加容易，同时也使得网络的复杂度得到控制，减少了过拟合的可能性，VGG 的设计思想在现在仍是深度神经网络结构设计的"范式"，提供了卷积神经网络的一种"基础架构"。并且，VGG 网络获得了令人惊喜的迁移性，VGG 网络在 ImageNet 上训练的权重可以被迁移到其他的图像分类任务中，这个特性为后续的迁移学习技术提供了思路和基础。VGG 启发并引导了大量的后续研究，时至今日，仍然有大量的卷积网络使用着 VGG 的结构。可以说，AlexNet 向世人证明了深度卷积网络的成功性，而 VGG 是深度卷积网络的"奠基石"。

5. Vision Transformer(ViT)

尽管传统的卷积神经网络已经在图像分类领域取得了显著成果，但它仍然存在一些缺点。最明显的就是 CNN 需要固定输入图像的大小，这样 CNN 在处理不同大小的图像时需要进行额外的预处理操作；并且 CNN 无法平衡图像的局部特征和全局特征，因为 CNN 对图像的每个像素都进行相同的卷积操作，这使得 CNN 的"视野"局限在一个个的卷积核中。并且，CNN 对于图像的语义理解水平较差，通常只能学习到局部和浅层的特征。在此背景下，ViT 应运而生。ViT 由 Google Brain 团队在 2020 年提出，它是一种基于注意力机制的神经网络模型,ViT 成功地克服了 CNN 的上述缺点，成为图像分类领域的"后来居上者"。

ViT 是 Transformer 网络在计算机视觉领域的应用,Transformer 网络最初是由谷歌公司在 2017 年提出用来解决自然语言处理领域中的序列建模任务。Transformer 是一种用于自然语言处理和其他序列到序列（seq2seq）任务的神经网络模型，其主要思想是完全基于自注意力机制（self-attention mechanism）来捕捉输入序列的内部结构。大体上，可以将 Transformer 看作一个编码器 - 解码器的结构（见图 1.19），它使用自注意力机制来动态地计算序列中每个位置的重要性权重，并基于这些权重对序列进行加权平均得到一个全局的表示，从而能够处理长序列并捕获序列之间的依赖关系。

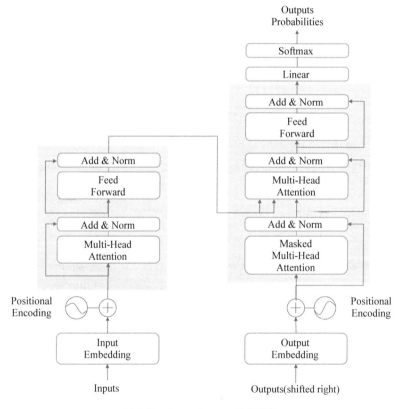

图 1.19　Transformer 网络结构

自注意力机制是一种计算上下文相关表示的方法，可以帮助模型更好地捕捉序列中元素之间的相关性。在 Transformer 中，每个输入序列的元素都会被用来计算其他元素的注意力权重，以便生成每个元素的上下文相关表示。Transformer 模型由多个 Transformer模块组成，每个模块包括一个多头自注意力子层和一个前馈神经网络子层。多头自注意力子层用于计算序列中各个元素之间的相关性，生成每个元素的上下文相关表示；前馈神经网络子层用于对这些表示进行非线性变换。

如图 1.20 所示，ViT 主要由两部分组成：编码器（Encoder）和分类头（Classification Head）。其中，编码器由多个 Transformer Encoder 堆叠而成，每个 Transformer Encoder 又由多个 Transformer Block（Transformer 块）堆叠而成。在进行图像分类时，输入图像首先被切分成一些大小相同的图像块，然后通过一个

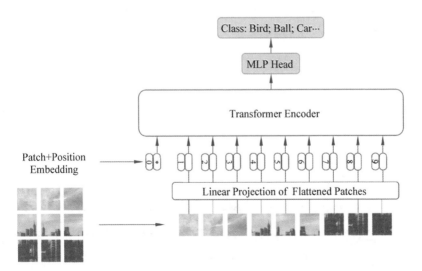

图 1.20　Vision Transformer (ViT) 网络结构

可训练的线性变换（Patch Embedding）转化为一个序列。这个序列被送入 Transformer Encoder 中，经过多个 Transformer Block 的处理后，得到整个图像的特征表示。最后，这个特征表示经过一个分类头进行分类。ViT 使用了 Transformer 模型直接处理序列化的图像表示，而不是使用传统的卷积神经网络进行特征提取。这种方法可以避免使用 CNN 时需要对图像进行不同的池化和卷积操作，并且可以更好地利用序列信息。通过使用自注意力机制和 Transformer 模型，ViT 可以从全局的角度看待图像，并且可以捕获图像之间的长程依赖关系。

　　ViT 成功将 Transformer 模型引入计算机视觉领域，消除了传统卷积神经网络（CNN）的限制，开创了将自注意力机制应用于图像分类任务的先河，通过自注意力机制在不使用卷积神经网络的情况下实现了对图像信息的建模，为深度学习图像处理领域带来了新的思路和方法。ViT 模型在图像分类任务中取得了与传统 CNN 模型相媲美的效果并且相比 CNN 有着更优越的可解释性和迁移学习能力。ViT 俨然成为了"新宠"。在 ViT 的启示下，图像分类技术将会走向何方？让我们拭目以待吧！

1.3.2　目标检测

　　人工智能技术在图像处理领域的另一个重大成就就是目标检测。目标检测的目的是在给定图像中检测出特定类别的目标物体，并在图像中确定它们的位置和边界。大体上看，目标检测更像是图像分类的一种深入和细化。图像分类是指将一个给定的图像分类到一个预定义的类别中。在图像分类任务中，人们只需要关心图像中存在的对象所属的类别，而不需要关注它们在图像中的具体位置。相比之下，目标检测需要在图像中定位一个或多个对象，并将它们分配到相应的类别中。这意味着目标检测不仅需要对图像中的对象进行分类，还需要对它们的位置进行定位。在目标检测中，通常使用边界框（Bounding Box）来表示检测到的目标位置。边界框是一个矩形，其四个角表示目标在图像中的位置和大小。此外，图像分类和目标检测在应用场景和解决问题的角度上也存在差异。图像分类通常用于识别整个图像中的对象类别，而目标检测则更适用于需要准确定位、追踪或计数多个对象的场景，例如自动驾驶中的车辆和行人检测、安防监控中的异常物体检测、医学图像中的病变检测等。

目标检测技术的历史可以追溯到20世纪70年代，那时目标检测技术还没有现在这么成熟，大家主要基于传统的计算机视觉技术来进行目标检测，比如边缘检测、颜色分割、纹理分析、形状分析等。随着计算机技术的发展，出现了更加复杂的算法，如基于模板匹配的目标检测和基于特征的目标检测等。2000年以后，随着深度学习技术的发展，深度神经网络被用于目标检测，其中，RCNN、Fast R-CNN、Faster R-CNN等方法逐渐成为主流。另外，2015年YOLO算法的提出和后续的改进，使得单阶段目标检测成为了目标检测领域的研究热点之一。

1. 基于滑动窗口的目标检测方法

在传统的目标检测方法中，一种经典的方法就是基于滑动窗口的目标检测方法。该方法最早是由Viola和Jones在2001年提出的，被称为 Viola-Jones 检测器，它的主要思想是在图像上滑动一个固定大小的窗口，然后使用分类器对每个窗口进行分类，判断窗口中是否存在目标物体。这种方法的优点在于实现简单，容易理解，且具有很高的灵活性。在基于滑动窗口的目标检测方法中，最常用的分类器是支持向量机和神经网络。在分类器训练过程中，需要提取出每个窗口中的特征，并将其作为分类器的输入。最初的方法是使用手工设计的特征，例如 Haar 特征、HOG（方向梯度直方图）特征等。这些特征可以有效地区分不同的目标。

作为最初的目标检测方法，滑动窗口法不可避免地存在如下一些缺点。

（1）速度慢。该方法需要在不同大小和比例的图像窗口中提取特征，然后进行分类，因此检测速度较慢。

（2）目标尺寸限制。该方法需要使用固定大小的窗口来进行检测，因此，对于不同大小的目标需要使用不同大小的窗口，否则会出现目标尺寸不匹配的问题。

（3）处理复杂场景的能力较弱。该方法对于复杂场景、遮挡等问题的处理效果较差。

（4）容易受到背景干扰。由于该方法是基于图像的局部特征进行分类，因此容易受到背景干扰，从而导致误检或漏检的问题。

这些缺点是它被后来的基于深度学习方法所取代的原因，但是也启发和引导了目标检测技术的发展。

2. RCNN (Region-based Convolutional Neural Network)

随着深度学习的不断发展，其优异的特性使其成为目标检测的主流方法。2012 年 AlexNet 的出现引领了深度学习的浪潮, 随着这波浪潮, 2014 年, Ross Girshick 等人提出了目标检测领域另一里程碑式的工作——RCNN。RCNN 的出现标志着目标检测技术迈向了深度学习时代, 同时也开启了目标检测领域的新篇章。RCNN 是一种基于卷积神经网络的目标检测模型, 其主要思想是使用深度学习网络来生成候选目标区域 (region proposals), 然后对这些区域进行分类和定位。它是一种两阶段的目标检测方法, 分为候选框生成和候选框分类两个阶段。

RCNN 是首个将 CNN 引入目标检测的模型, 所以它继承了大量 CNN 的思想。RCNN 主要在特征提取阶段使用了 CNN, 而其他阶段仍然使用了传统目标检测的方法。RCNN 的检测步骤主要分为如图 1.21 所示的 4 个步骤。

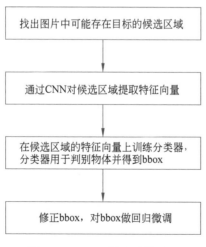

图 1.21　RCNN 算法计算过程

　　候选区域选择是 RCNN 中的关键步骤，其主要目的是从输入的图像中提取出包含目标物体的候选区域，并将这些候选区域输入后续的网络中进行分类和检测。在 RCNN 中采用了选择性搜索（Selective Search）算法来进行候选区域选择。简单来说，选择性搜索算法首先将原始图像进行分割，得到多个超像素（Super Pixel）。超像素是一种图像分割技术，可以将图像中具有相似颜色和纹理的像素合并成一个连通区域。接着，选择性搜索算法将相邻的超像素进行合并，得到具有不同尺度和纹理的候选区域。为了保证候选区域的完整性，选择性搜索算法还会使用图像边缘检测技术来保留边缘区域。选择性搜索算法产生的候选区域数量较多，因此，RCNN 使用了一个叫作 Region Proposal Network（RPN）的网络来进一步筛选候选区域。RPN 是一种基于深度学习的网络，可以对候选区域进行分类和回归，从而生成最终的检测结果。

　　RCNN 使用了 AlexNet 的前 5 个卷积层来对候选区域进行特征提取。RCNN 首先将之前产生的候选区域进行裁剪和归一化以方便后续进行统一处理。然后将这些候选区域输入一个预训练好的 AlexNet，输出候选区域对应的特征向量。

　　随后 RCNN 会将这些特征向量交给一个多层感知机来对它们进行分类，首先使用一个全连接层将特征向量映射到一个固定的长度，然后将该映射后的特征向量输入到两个并行的全连接层中，一个用于分类，另一个用于回归。分类全连接层用于判断候选区域中是否存在目标物体，回归全连接层用于校正候选区域的位置和大小。最后，为了筛选那些重叠区域，RCNN 使用了非极大值抑制（Non-Maximum Suppression，NMS）进行边框筛选，对于每个类别，

RCNN 会将所有得分最高的候选区域保留下来，并将与其重叠程度
较高的候选区域删除。

RCNN 是第一个将深度学习技术引入目标检测的模型，它打破
了传统目标检测算法对手动设计特征的依赖，直接从原始图像中学
习到了更加鲁棒性的特征表示，这也成为了后续目标检测技术的中
心思想。

3. YOLO

2015 年，Joseph Redmon 等人发表了题为 *You Only Look
Once: Unified, Real-Time Object Detection* 的论文，并提出了一
种全新的目标检测算法 YOLO，它通过将目标检测任务转化为一个
回归问题，将检测和分类合并为一个端到端的深度学习模型，从而
在速度和准确率方面取得显著的进展。YOLO 算法的出现为目标检
测技术提供了一种全新思路，有效地解决目标检测任务中的计算复
杂度和速度瓶颈。时至今日，YOLO 算法仍然统治着目标检测领域。

YOLO 算法与之前的算法最大的不同之处就在于它是单阶段
（1-stage）的算法，它只需要对图像做一次扫描，而不同于之前的
两阶段（2-stage）算法。它们之间的区别就是，单阶段算法直接
从输入图像中生成每个目标的类别和位置信息，而两阶段算法首先
生成候选区域然后再对候选区域进行分类和定位。YOLO 网络结构
如图 1.22 所示。

第一代 YOLO 算法的核心思想就是将整张图片作为网络的输
入，直接在输出层回归边界框（bounding box）的位置和边界框
所属的类别。首先，YOLO 将输入的图像分割成 $S \times S$ 个网格（grid

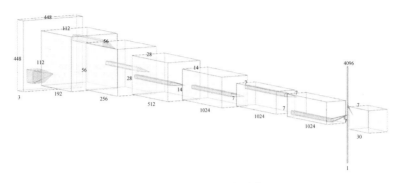

图 1.22　YOLO 网络结构

cell），每个网格预测 B 个边界框和 C 类别的概率。然后在每个网格单元格预测 B 个边界框，每个边界框预测 5 个参数：中心坐标 x、y，边界框的宽度 w 和高度 h，以及一个表示目标置信度的得分值。对于每个边界框，根据置信度得分以及该框与真实标注框的重合度计算出它们的损失函数。对于每个网格单元格，根据该单元格内某个目标的类别和边界框的参数，计算它们的损失函数。随后将两个损失函数相加，并使用反向传播算法进行训练。对于一个新的测试图像，将其输入 YOLO 网络，网络会输出每个边界框的得分，将得分高于某个阈值的边界框保留下来，并采用非极大值抑制（NMS）算法去除高度重叠的边界框，最终输出检测到的物体类别、边界框及其得分。

1.3.3　图像生成

图像生成技术是计算机视觉领域一个重要的研究方向，其主要目标是让机器学会自动生成具有高质量和多样性的图像。图像生成技术最早可以追溯到 20 世纪 50 年代，当时的科学家们开始尝试用计算机生成一些简单的图像，如几何图形、符号和简单的图案等。1959 年，John McCarthy 在论文中首次提出"生成式模型"（generative model）的概念，即一种基于统计学习的模型，它通过学习输入数据的分布，从而能够生成类似于原始数据的新数据样本。他认为这种模型可以用于实现自然语言处理、计算机视觉等领域的任务。1985 年，美国计算机科学家约翰·霍普菲尔德（John Hopfield）和美国神经科学家大卫·麦克莱兰（David MacClelland）提出了玻尔兹曼机（Boltzmann Machine），其基本思想是利用能量函数来对模型进行建模，并使用统计力学中的玻尔兹曼分布来进行随机采样。玻尔兹曼机的学习过程主要是通过学习网络中的权重参数来最大化观察数据的似然概率。然而其存在难以训练、采样过程中的高计算复杂度等问题，在后续的研究中，人们对玻尔兹曼机进行了改进和优化，在其基础上提出了深度信念网络（Deep Belief Network，DBN）、受限玻尔兹曼机（Restricted Boltzmann Machine，RBM）等模型，为图像生成技术的发展奠定了重要基础。到了 20 世纪 90 年代，随着互联网的普及和计算机视觉技术的进一步发展，图像生成技术开始逐渐应用于实际场景中。其中最具代表性的成果是 1997 年发明的基于小波变换的图像压缩算法，该算法通过对图像的小波变换来压缩图像，并且能够在压缩的同时保留图像的细节信息。在 21 世纪初期，随着深度学习技术的兴起，图像生成技术得到巨大发展。2006 年，加拿大蒙特利尔大学的研究人员 Hinton 等人发明了深度信念网络，并用它生成了自然图像。2014 年，Goodfellow 等人提出了基于对抗生成网络

（Generative Adversarial Network，GAN）的图像生成方法，该方法通过让生成器和判别器两个网络相互对抗来生成高质量的图像。随着深度学习技术的不断发展，目前的图像生成技术已经非常成熟，能够生成具有高质量和多样性的图像，并被广泛应用于图像处理、图像增强、图像修复等领域。

1. 玻尔兹曼机（Boltzmann Machine, BM）

玻尔兹曼机是一种基于概率的生成式模型，最早由 Hinton 和 Sejnowski 于 1985 年提出。它是一种由隐变量和可见变量组成的双层神经网络模型，可以通过学习训练样本的概率分布，从而实现对未知样本的生成和模拟。玻尔兹曼机

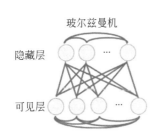

图 1.23　玻尔兹曼机的结构

最初是为了模拟神经系统中神经元之间的相互作用而提出的。如图 1.23 所示，它由一个隐藏层和一个可见层组成，其中每个节点都是一个二元状态（0 或 1）。在玻尔兹曼机中，每个节点之间都存在一个权重，这个权重表示了两个节点之间相互作用程度，权重越大表示节点之间的联系越紧密。同时，玻尔兹曼机中还存在一个能量函数，用于计算整个网络的状态能量，状态能量越低表示状态越稳定，即概率越高。玻尔兹曼机的训练过程基于梯度下降算法，通过最小化样本与模型之间的 KL 散度（Kullback-Leibler Divergence）来学习模型参数。具体来说，它采用 Gibbs 采样算法来模拟样本的分布，从而计算梯度并更新模型参数。在图像生成中，将输入图像的像素值作为可见神经元，然

后通过模型学习训练数据的分布情况，生成新的图像像素值。

虽然玻尔兹曼机作为一种概率生成式模型具有一定的优势，但是它的缺点也很明显，比如以下几点。

（1）训练复杂：玻尔兹曼机的训练过程比较复杂，需要使用一些高级的优化算法进行训练，例如马尔可夫链蒙特卡罗（MCMC）方法和对比散度（CD）算法等，这些算法的计算复杂度较高，需要大量的计算资源。

（2）采样困难：玻尔兹曼机的采样过程比较困难，需要使用MCMC等方法进行采样，而且采样过程可能会陷入局部最优，导致生成图像的质量不高。

（3）难以控制生成过程：玻尔兹曼机的生成过程比较难以控制，因为它是一个无向图模型，没有明确的生成顺序，因此很难控制每个像素的生成过程，导致生成的图像可能出现一些不合理的区域或者纹理。

（4）训练样本不足：玻尔兹曼机需要大量的训练样本进行训练，因为它的模型复杂度较高，需要足够的样本来表示复杂的数据分布，否则会出现过拟合或欠拟合等问题。在图像生成任务中，由于需要大量的高质量图像样本，因此很难获得足够的训练数据。

但是玻尔兹曼机的出现为图像生成等任务提供了一种有效的方法。

2. 生成对抗网络（Generative Adversarial Network，GAN）

GAN 是一种生成式模型，由 Ian Goodfellow 等人在 2014 年提出。GAN 主要由两部分组成：生成器（Generator）和判别器

（Discriminator），两者通过对抗的方式进行学习和优化。GAN 的原理基于博弈论中的零和博弈（zero-sum game），即两个玩家的利益完全相反，一方获利必然导致另一方的损失。在 GAN 中，生成器和判别器就是两个玩家，它们的目标相反，但是它们却可以通过博弈来达到一个平衡状态。如图 1.24 所示，GAN 的生成器负责从一个随机分布中生成数据样本，判别器则负责对数据样本进行分类，判断其是否为真实数据。在 GAN 的训练过程中，生成器和判别器分别进行反向传播算法的更新，生成器希望能够生成更加逼真的数据样本来欺骗判别器，而判别器则希望能够正确区分真实数据和生成器生成的数据样本。通过这种对抗学习的方式，GAN 可以不断提高生成器的生成能力，生成更加真实的数据样本。

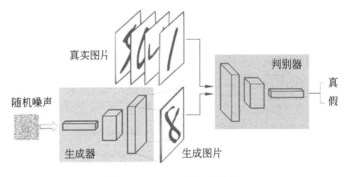

图 1.24　GAN 的生成过程

在 GAN 中，生成器和判别器的博弈可以被视为一个最小化生成器损失和最大化判别器损失的问题，即

$$\min_{G} \max_{D} V(D,G)$$

生成器的目标是最大化生成样本和真实样本之间的相似度，即

最小化生成样本和真实样本的差距。这个差距可以使用不同的距离度量来度量，如 KL 散度、JS 散度、Wasserstein 距离等。其中，最常用的是 JS 散度和 Wasserstein 距离。判别器的目标是最大化生成样本和真实样本之间的差距，即最小化判别器对于生成样本和真实样本的错误率。

GAN 的优化目标函数是一个极小极大问题，所以其求解起来比较困难，需要使用深度学习中的优化技巧，如梯度下降、随机梯度下降、自适应学习率等。此外，GAN 的训练也较为困难，如模式崩溃、模式塌陷、GAN 的噪声敏感性等问题。为了解决这些问题，后续的研究提出了很多改进的 GAN 模型，如 DCGAN、WGAN、CGAN 等。GAN 的意义在于它提出了一种全新的生成模型，通过使用对抗训练的方式可以生成高质量的样本，不仅在图像生成、视频生成等领域取得巨大的成功，还在自然语言处理、音频合成等领域得到广泛应用。GAN 的出现使得生成模型不再依赖于手工设计的特征提取器，而是通过学习输入和输出之间的映射关系自动进行特征提取，这种方式使得生成模型更加通用、灵活，可以适用于各种不同类型的数据。此外，GAN 也为深度学习领域的其他任务带来了一些启示和思路，例如迁移学习、模型压缩等方向。GAN 的成功也促进了深度学习技术的发展和应用。

3. 扩散模型（Diffusion Model）

可以说，扩散模型是当前图像生成领域最成功的模型。扩散模型最早由 Lloyd 等人在 1982 年提出，用于图像去噪和重建。后来，Weiss 等人在 2000 年提出了基于扩散模型的图像生成方法，并将其称为"随机游走算法",扩散模型在近几年引发了火爆并真正地将图像生成技术带入了人们日常生活中。其核心思想是使用扩散过程来模拟图像的生成过程,假设每个像素点都是一个随机游走的点,它会在图像上随机游走,并且受到周围像素点的吸引或排斥力。扩散模型通过对随机游走的过程进行建模,来生成图像。

如图 1.25 所示,扩散模型由两部分组成:扩散过程和去噪过程。以 DDPM(Denoising Diffusion Probabilistic Model)为例,其扩散过程就是图像的每一个像素会随机扩散一定的步长,并在扩散的过程中随机采样噪声,通过一系列扩散步骤得到一个噪声图像。扩散过程可以表示为

$$x_{t+1} = x_t + \sqrt{2\delta} \cdot \sigma_t \cdot \in_t$$

其中,x_t 表示在第 t 轮扩散过程中生成的噪声图像,δ 是扩散的步长,σ_t 表示在第 t 轮中的噪声级别,$\in_t$ 是一个服从高斯分布的随机噪声。

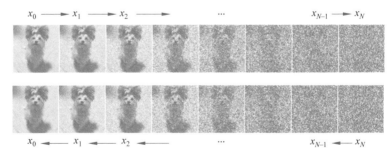

图 1.25 扩散模型的扩散(上)和去噪过程(下)的生成过程

其反向过程模拟了上述扩散过程的逆过程,以从一个噪声图像得到一张"真实"的图像。所以反向过程就是扩散模型的生成步骤,

其具体过程可描述为

$$x_t = x_{t+1} - \sqrt{2\delta} \cdot \sigma_t \cdot \epsilon_t$$

其中，x_{t+1} 表示在第 $t+1$ 轮扩散过程中生成的噪声图像，σ_t 表示在第 t 轮中的噪声级别，ϵ_t 是一个服从高斯分布的随机噪声。

相对于其他生成式模型如自编码器和 GAN 等，扩散模型具有更高的生成质量，因为其逐渐去噪的特点，扩散模型可以生成更高分辨率、细节更丰富的图像。并且扩散模型生成样本的多样性更强，扩散模型生成的样本更具多样性和随机性。并且在传统的生成模型中，模式崩塌是一个常见的问题，即生成器只学会生成部分数据集中的模式，而扩散模型可以避免这个问题，因为扩散过程中随机的噪声输入可以避免模式崩塌。更重要的是扩散模型中的时间步长参数可以控制生成图像的样式，例如更长的时间步长可以生成更模糊、抽象的图像，而更短的时间步长可以生成更具体、清晰的图像。如今，扩散模型在图像生成领域已经取得了 SOTA 的效果，并且基于扩散模型的应用，如 stable diffusion 等，首次在真正意义上将图像生成技术提升到了可以广泛落地应用的水平，并且首次将图像生成技术介绍给大众。

1.4 人工智能与自然语言处理

语言是人类的重要组成部分，是人类思考交流和社会交往的重要基础，语言为人们创造了共享知识、记录历史和传承文化的条件，与此同时，语言还影响着人们的行为模式和思考方式。当人们谈到人工智能的发展时，就不得不提起自然语言处理（Natural Language Processing，NLP）这一人工智能的重要领域。在人们发展人工智能的道路上，自然语言处理领域是其中不可或缺的里程碑。自然语言处理领域就是让计算机学会理解和处理人类的语言的能力，是一个发展迅速的极具创新性和挑战性的领域，当计算机能够像人类一样理解和处理语言，就能更好地与人类进行交互和合作。当前自然语言处理已经在多个领域发挥了关键性作用，例如搜索引擎、自然语言翻译、智能客服、智能语音助手等。在这些领域中，NLP技术使得计算机能够自动理解和处理大量的自然语言文本数据，从而大大提高了效率和准确性。另外，随着深度学习等技术的发展，NLP在文本生成、问答系统、自然语言推理等领域也取得很大进展。例如，OpenAI的GPT模型在文本生成领域已经达到了人类水平，谷歌公司的BERT模型在问答和自然语言推理领域也取得了显著的成果。

自然语言处理是人工智能发展过程中不可或缺的一部分，在近些年来的历史当中取得了诸多璀璨的成果。本节主要通过文本分类、机器翻译，以及对话聊天和文本生成3部分来介绍。

1.4.1 文本分类

互联网所存储的信息是浩瀚的，几十亿人的行为与思考，在当今的信息时代，如汹涌的潮水一般，人们在面对这样纷繁复杂的信息，需要有极强的分辨能力，能够提取出有用的信息显得非常重要。

文本分类就是这样一种技术，它能够将大量的文本信息按照预先定义好的类别进行分类，以方便后续的处理和分析。就例如，你可以将看到的体育新闻分成足球领域、篮球领域等各个板块进行处理和分析。

不仅是在人们平时的生活中，例如搜索引擎所搜索到的各种信息，对于企业而言，企业收集到的成千上万的用户信息也需要精细的分析，否则，在商业当中便缺失了明确的方向，容易走向歧途，文本分类对于商业领域也尤为重要。

文本分类就是能够以高精度的方式对各个文本进行分类，当前文本分类技术在各个领域都有非常多的应用，因此此部分将从以下方面介绍文本分类：文本分类的发展和实现流程，文本分类的特征提取，文本分类的模型。

1. 文本分类的发展与实现流程

文本分类的发展过程如图 1.26 所示。

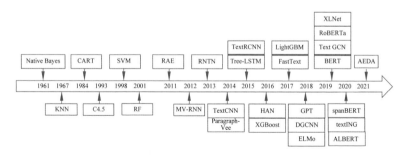

图 1.26　文本分类的发展过程

最早的文本分类是基于规则的分类。这种分类主要是通过人工定义一些专家规则，根据文本中的关键词、语法结构、逻辑关系等特征来判断文本的类别。它的优点是具有比较好的直观性和可解释性，但缺点是需要大量的人工成本，规则的覆盖面和准确率都有限，难以适应复杂和多样的文本数据。

20世纪90年代后期的文本分类是基于统计的文本分类方法。这种方法主要是利用机器学习和数据挖掘的技术，从大量的标注数据中学习出一个分类模型，然后用该模型对新的文本进行分类。不需要各种人工干预，这种方法便可以通过机器学习和统计的方法学习到大量的特征。常用的机器学习算法有朴素贝叶斯、K近邻、支持向量机、决策树等。

在2010年之后，随着深度学习的提出，文本分类进入了深度学习领域。通过深度学习的方法可以学习到文本分类的各个深层特征，以及文本的深层次表征。利用深度学习，它可以自动地从数据中学习出抽象和语义的特征，不需要人工设计特征，而且可以处理非线性和复杂的文本关系。常用的深度学习模型有卷积神经网络、循环神经网络、注意力机制、变换器等。

文本分类的实现，可以通过如图1.27所示的基本流程来进行。

图1.27 文本分类的基本流程

（1）文本数据采集：从网络或其他渠道获取需要分类的文本数据，例如新闻、评论、邮件等。

（2）数据预处理：对文本数据进行清洗、分词、去停用词等操作，以便于后续的特征提取和模型训练。

（3）特征提取：将文本数据转换为计算机可以处理的数值向量，例如使用词袋模型、TF-IDF、词嵌入等方法。

（4）模型训练：根据预先给定的类别集合，使用机器学习或深度学习的算法，从标注好的文本数据中学习出一个分类模型，例如使用朴素贝叶斯、支持向量机、卷积神经网络、循环神经网络等方法。

（5）模型评估：使用一些指标，如准确率、召回率、F1值等，来评估分类模型的性能和效果，以及发现模型的优缺点和改进方向。

（6）模型应用：使用训练好的数据进行文本分类的应用，可以训练多种模型，也可以使用多种模型的微调。

2. 文本分类的特征提取

根据特征的类型，可以分为离散特征和连续特征。离散特征是指特征的取值只能是有限个离散的值，例如词频、词性等。连续特征是指特征的取值可以是任意实数，例如 TF-IDF、词嵌入等。

根据特征的粒度，可以分为字级别、词级别、短语级别、句子级别和文档级别。

根据特征的来源，特征提取可以分为基于统计的方法和基于神经网络的方法。

其中，基于统计的方法是利用文本中词的出现频率、文档频率、共现频率等统计信息来构造特征，例如词袋模型、TF-IDF、LSA 等。这种方法的优点是比较简单和直观，而且可以处理高维度和稀疏的文本特征。但缺点是需要人工设计特征提取的方式，而且忽略了词的顺序和语义信息。

基于神经网络的方法是利用神经网络和深度学习的技术来从文本中自动学习抽象和语义的特征，例如 Word2Vec、GloVe、BERT 等。这种方法的优点是可以自动地从数据中学习出有意义的特征，不需要人工设计特征，而且可以处理非线性和复杂的文本关系。但缺点是需要大量的计算资源，而且模型的可解释性较差。

在这个部分当中，主要根据特征来源的方式进行介绍，整体的结构如图 1.28 所示。

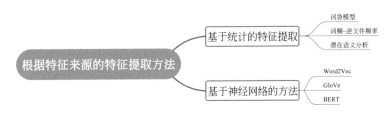

图 **1.28** 不同来源的特征提取方法

词袋模型、词频 - 逆文件频率、潜在语义分析是 3 种基于统计的特征提取方法。

（1）词袋模型（Bag-of-Words）：这种方法是将每个文本表示为一个词频向量，即统计文本中每个词出现的次数，并忽略词的顺序和语法。为了使用词袋模型，我们首先需要进行一些数据预处理，例如分词、去停用词等。然后，我们需要构建一个词典，即收集所有文本中出现过的不同的词，并给每个词分配一个编号。接下来，需要根据词典，将每个文本转换为一个词频向量，即统计每个词在文本中出现的次数，并用一个数组表示。这样，就完成了词袋模型的特征提取过程，将每个文本表示为一个词频向量。

（2）词频 - 逆文件频率（Term Frequency-Inverse Document

Frequency,TF-IDF）：这种方法是一种基于词频和逆文档频率的加权方法，它的基本思想是，如果一个词在一个文本中出现的次数多，而在其他文本中出现的次数少，那么这个词就具有很好的区分能力，可以作为这个文本的特征。为了使用 TF-IDF 方法，人们首先需要计算每个词在每个文本中的词频（TF）和在整个文档集合中的逆文档频率（IDF）。词频（TF）就是每个词在每个文本中出现的次数，我们已经在上一步得到了。逆文档频率（IDF）是一个衡量词的重要性的指标，它的计算公式为

$$\text{IDF}(w) = \log \frac{N}{1 + \text{DF}(w)}$$

其中，N 是文档总数，$\text{DF}(w)$ 是包含词 w 的文档数。接下来，我们需要将每个词的 TF 值和 IDF 值相乘，得到每个词在每个文本中的 TF-IDF 值。这个值就反映了每个词对每个文本的贡献程度。最后，可以将所有词的 TF-IDF 值组成一个矩阵。这个矩阵就是 TF-IDF 方法得到的特征矩阵，每一行对应一个文本，每一列对应一个词。

（3）潜在语义分析（Latent Semantic Analysis,LSA）：这种方法是一种基于奇异值分解（SVD）的降维方法，它的基本思想是，通过对高维度和稀疏的特征矩阵进行奇异值分解，得到一个低维度和稠密的特征矩阵，从而捕捉到潜在的语义信息。为了使用 LSA 方法，人们首先需要得到一个特征矩阵，可以使用上述两种方法之一。然后，需要对特征矩阵进行奇异值分解（SVD），即将特征矩阵分解为 3 个矩阵的乘积：$\boldsymbol{X} = \boldsymbol{U} \times \boldsymbol{S} \times \boldsymbol{V}^{\text{T}}$，其中，$\boldsymbol{U}$ 是一个 $\boldsymbol{m} \times \boldsymbol{k}$ 的矩阵，$\boldsymbol{S}$ 是一个 $\boldsymbol{k} \times \boldsymbol{k}$ 的对角矩阵，$\boldsymbol{V}^{\text{T}}$ 是一个 $\boldsymbol{k} \times \boldsymbol{n}$ 的矩阵。$\boldsymbol{k}$ 是一个小于 $\boldsymbol{m}$ 和 $\boldsymbol{n}$ 的正整数，通常由用户指定。接下来，我们

可以将 **U** × **S** 作为新的特征矩阵，它是一个 **m** × **k** 的矩阵，每一行对应一个文本，每一列对应一个潜在的语义主题。这样，我们就完成了 LSA 方法的特征提取过程，将每个文本表示为一个低维度和稠密的特征向量。

Word2Vec 是一种基于神经网络的词向量表示方法，其主要思想是通过训练神经网络模型来学习词语的分布式表示。Word2Vec 模型包含两种不同的架构：连续词袋模型（CBOW）和 skip-gram 模型。CBOW 模型的目标是预测当前词语的概率，给定其上下文词语的信息，而 skip-gram 模型的目标则是预测上下文词语，给定当前词语的信息。在训练过程中，Word2Vec 模型通过不断地迭代和更新神经网络中的参数来学习词语的分布式表示，这些表示通常被称为词向量。

GloVe（全称为 Global Vectors for Word Representation）是一种基于矩阵分解的词向量表示方法。GloVe 通过建立一个共现矩阵来捕捉不同词语之间的语义关系，并利用矩阵分解的技术来得到每个词语的向量表示。共现矩阵是一个记录了所有词语在同一上下文中出现次数的矩阵，通过对其进行 SVD 分解，可以得到每个词语的向量表示。

3. 文本分类的模型

文本分类的模型有很多种，可以根据不同的特征提取方法和分类器来组合。一般来说，文本分类的模型可以分为以下几类，如图 1.29 所示。

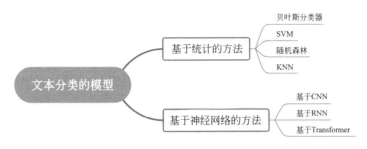

图 1.29　不同的文本分类模型

（1）基于统计的方法：这类方法是利用词袋模型、TF-IDF 等统计特征，结合贝叶斯、SVM、随机森林、KNN 等传统的机器学习分类器，进行文本分类。这类方法的优点是比较简单和高效，而且可以处理高维度和稀疏的文本特征。但缺点是需要人工设计特征提取的方式，而且忽略了词的顺序和语义信息。

（2）基于神经网络的方法：这类方法是利用神经网络和深度学习技术，从文本中自动学习抽象和语义的特征，结合 Softmax、Sigmoid 等激活函数，进行文本分类。这类方法的优点是可以自动地从数据中学习出有意义的特征，不需要人工设计特征，而且可以处理非线性和复杂的文本关系。但缺点是需要大量的计算资源，而且模型的可解释性较差。

基于神经网络的方法又可以细分为以下几种。

① 基于 CNN 的方法：这类方法是利用卷积神经网络（CNN）来提取文本中的局部特征，例如 n-gram 特征。CNN 可以通过不同大小和数量的卷积核来捕捉不同粒度和层次的文本特征。CNN 还可以通过池化层来降低维度和增加鲁棒性。基于 CNN 的方法有 TextCNN、DPCNN 等。

② 基于 RNN 的方法：这类方法是利用循环神经网络（RNN）来提取文本中的序列特征，例如词之间的依赖关系。RNN 可以通过记忆单元来存储历史信息，并在每个时间步更新状态。RNN 还可以通过双向和多层来增强表达能力。基于 RNN 的方法有 TextRNN、TextRCNN、TextBiLSTM+Attention 等。

③ 基于 Transformer 的方法：这类方法是利用 Transformer 模型来提取文本中的全局特征，例如词之间的长距离关系。Transformer 模型是基于自注意力机制（Self-Attention）来编码文本信息，并通过多头注意力（Multi-Head Attention）和残差连接（Residual Connection）来增强表达能力。基于 Transformer 的方法有 BERT、XLNet 等。

1.4.2　机器翻译

机器翻译是自然语言处理领域的一个重要研究方向，其目的是利用计算机技术将一种自然语言翻译成另一种自然语言。通俗来讲，就是让计算机模拟人类翻译过程，将一种语言的文本转换成另一种语言的文本。

机器翻译的发展历程可以追溯到 20 世纪 40 年代，当时美国军方研发了一种叫作"语音翻译器"的机器，可以将英语翻译成日语，但翻译质量不佳，只能处理一些简单的句子。随着计算机技术的不断进步，机器翻译也逐渐得到了发展。20 世纪 60 年代，词典翻译和规则翻译成为机器翻译的两种主要方法。20 世纪 70 年代，出现了基于语言学知识和统计学方法的混合翻译模型。20 世纪 80 年代，神经网络模型被引入机器翻译领域。20世纪90年代，随着互联网的普及，网络上的大量双语文本数据为机器翻译提供了更加充足的数据支持。2000年以后，随着神经网络和深度学习算法的发展，机器翻译的质量有了长足的进步。

机器翻译的应用十分广泛，尤其是在跨语言交流和跨国企业合作中发挥着重要作用。例如，国际组织、政府机构、跨国公司等需要频繁进行跨语言交流的组织，可以使用机器翻译来提高沟通效率和准确性。此外，机器翻译还在互联网搜索、在线翻译、语音识别等领域得到了广泛应用。

本节主要从以下3个方面对机器翻译进行介绍：基于规则的机器翻译，基于统计的机器翻译和基于神经网络的机器翻译。

1. 基于规则的机器翻译

基于规则的机器翻译 (Rule-based Machine Translation, RBMT) 是一种机器翻译方法，它依靠专业翻译人员和语言专家创建的翻译规则，对源语言的句子进行分析和解析，并使用一组针对特定语言对的转换规则将其转化为目标语言的句子。它的主要思想是，将人类对语言的理解和翻译知识转化为一系列规则，并将这些规则应用于自然语言处理 (NLP) 系统中，从而实现语言的翻译。

RBMT方法的实现过程可以简单地分为以下4个步骤。

（1）分析：源语言的句子会被分析成语言学上的组成部分，例如词汇、短语、句子等。这个分析过程通常包括词法分析和语法分析。

（2）解析：针对源语言的语言学分析结果，通过一组规则，将其转化为目标语言的语言学结构。这个解析过程可以看作是一种基于翻译规则的自然语言生成过程。

（3）转换：将目标语言的语言学结构转化为目标语言的实际文本。这个转换过程包括语法调整、单词翻译和文本重组等。

（4）生成：将转化后的目标语言文本生成为翻译结果。

在 RBMT 方法中，翻译规则是非常重要的，这些规则是由人类专家手动创建和维护的。规则的创建过程需要依赖大量的语言知识和专业的语言技能，因此需要耗费大量的人力和时间成本。同时，RBMT 方法还面临着规则覆盖范围有限、规则错误难以修复等问题，限制了其在大规模翻译任务中的应用。

尽管 RBMT 方法存在着一些限制，但它仍然是一种经典的机器翻译方法。在早期的机器翻译研究中，RBMT 方法曾是唯一可用的方法。同时，RBMT 方法也启发了基于统计的机器翻译和神经机器翻译。

2. 基于统计的机器翻译

统计机器翻译（SMT）是一种基于统计模型的机器翻译方法，其基本思想是根据已有的双语平行语料库，通过统计建立源语言到目标语言的翻译概率模型，进而实现自动翻译。

统计机器翻译主要包括以下 4 个步骤。

（1）语料库构建：首先需要收集并构建源语言和目标语言的语料库，其中包括双语平行语料和单语语料。这些语料库是 SMT 系统训练和评估的基础。

（2）对齐：接下来需要对齐双语平行语料库中的源语言和目标语言之间的句子及单词对应关系，以便进行模型的训练和翻译。

（3）模型训练：在前面两步的基础上，本步使用统计的模型进行整个过程的训练。在本过程中通常使用到的统计模型包括基于短语的模型和基于句法的模型等。基于短语的模型是指将源语言句子切分为多个短语，然后对每个短语进行翻译；基于句法的模型是基于源语言和目标语言之间的语法结构进行翻译。模型训练过程中，需要计算每个翻译单元（如短语或句法结构）的翻译概率，以及整个翻译句子的概率。

（4）解码：解码的过程是对已经训练好的模型进行的翻译。整个过程通过对训练模型的源语句进行分析，获得原来语句的各个翻译单元，分别单独进行翻译，最后计算整个目标的概率，选择得到结果最优（即概率最大）的语句作为翻译结果。

SMT 模型的基本原理是条件概率。在翻译过程中，给定一个源语言句子 F，目标语言句子 E 的生成概率为

$$P(E|F) = P(F|E) \times P(E)$$

其中，$P(E|F)$ 为在给定目标语句 F 的条件下，语句 E 的条件概率；$P(F|E)$ 则是给定了目标语句为 E 的条件下的结果；$P(E)$ 为目标语言句子 E 的生成概率。

在 SMT 中，$P(F|E)$ 通常通过翻译模型来计算，$P(E)$ 可以通过语言模型来计算，而 $P(E|F)$ 则是要翻译模型和语言模型共同计算得出的。

SMT 模型的关键点是分为两部分进行模型的构建：一部分是翻译模型；另一部分是语言模型。翻译模型用来计算 $P(F|E)$，其目的是为了找到源语言句子 F 和目标语言句子 E 之间的对应关系，从而实现翻译，翻译模型是实现整个过程的基石。而语言模型则用来

计算 $P(E)$ ），其目的是为了提高目标语言句子 E 的流畅度和准确性。语言模型和翻译模型在整个过程中都必不可少。

3. 基于神经网络的机器翻译

基于神经网络的机器翻译的发展可以追溯到 2014 年，当时谷歌公司发布了一篇论文 *Learning Phrase Representations using RNN Encoder-Decoder for Statistical Machine Translation*。这篇论文提出了一个基于循环神经网络（Recurrent Neural Network，RNN）的编码器 - 解码器模型，通过将源语言序列编码成一个固定长度的向量表示，然后解码器将这个向量转换成目标语言序列，完成翻译任务。这种模型被称为编码器 - 解码器模型，或者 Seq2Seq 模型。

Seq2Seq 模型的推出引起了机器翻译领域的广泛关注，一石激起千层浪，许多类似的模型和应用也随之而来。随着时间的推移，越来越多的神经网络模型被提出来，例如基于卷积神经网络（Convolutional Neural Network，CNN）和注意力机制（Attention Mechanism）的 NMT 模型等。这些模型在不同的语料库和翻译任务上都取得了令人瞩目的成果，逐渐成为机器翻译领域的主流方法。

NMT 的核心思想是使用一种称为编码器 - 解码器（Encoder-Decoder）的结构进行翻译。编码器将源语言句子编码成一个向量表示，解码器则将向量表示转化为目标语言句子。编码器和解码器通常由循环神经网络或者卷积神经网络组成，以循环神经网络的编码器解码器结构为例，如图 1.30 所示。

模型的实现主要如下所示：在编码器端，将源语言句子的每个

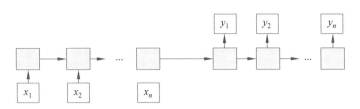

图 1.30 循环神经网络的编码 - 解码结构

单词使用词嵌入（Word Embedding）转化为向量表示，然后输入循环神经网络或卷积神经网络中进行编码。编码器的输出是一个向量表示，包含了源语言句子的语义信息。在解码器端，利用编码器输出的向量表示和目标语句之前的已翻译部分，通过深度网络逐步生成目标语言的翻译结果。

NMT 模型的训练需要大量的平行语料数据，通常使用随机梯度下降（Stochastic Gradient Descent，SGD）等优化算法进行模型参数的优化。此外，为了缓解翻译中的词序问题，NMT 模型通常使用一种称为注意力机制的技术，将源语言句子的所有单词加权平均后进行翻译。

NMT 模型在翻译效果上通常优于基于规则和基于统计的机器翻译模型，能够处理更加复杂的语言结构和语义问题。但它也有着训练时间很长，需求海量数据的缺点，是当前研究的热点之一。

1.4.3 对话聊天和文本生成

对话聊天和文本生成是自然语言处理领域中另外两个极具创新性的方向。对话聊天是指人和机器进行的对话聊天，如当今热度最高的 GPT 4.0 模型等，而文本生成则是指机器自动生成的语言文本，如对于谋篇论文的摘要，或者一些评论、新闻文章等。使用自然语言处理的方法自动生成这些语言文本，可以极大提高人们的工作效率。

对话聊天技术的发展历程可以追溯到 20 世纪 50 年代，当时计算机领域的先驱人物 Alan Turing 提出了一个著名的测试，就是广为人知的图灵测试。这个测试的主要目的是判断一个机器是否可以通过对人类语言的学习来获得和人类相似的思考和思维方式。在此基础上，越来越多的对话聊天机器人映入人们的眼帘，再加上与语音等功能的结合出现的结合应用，让智能家居的出现也成为了现实。

文本生成技术则是利用机器生成自然语言文本，其主要应用包括文章摘要、新闻生成、对话生成、音乐生成等。随着深度学习领域的百花齐放，特别是序列到序列模型的出现，文本生成技术也取得了突飞猛进的发展。人们现在就可以仅仅利用神经网络模型，训练一个文本生成器，根据输入的主题、风格等生成一篇文章，这些文章可能与评论员、作家所写有些许不同，但已经足够以假乱真。因此，文本生成技术在新闻、小说等领域都有了广泛的应用。

值得一提的是，对话聊天和文本生成的技术相互关联，例如对话生成可以被视为一种特殊的文本生成，它需要同时考虑上下文和对话逻辑，以生成一系列连贯的语句，与人类进行自然的交互。

本节将分别介绍对话聊天和文本生成两部分。

1. 对话聊天

对话聊天的终极目的是能够让机器和人像人与人一样流利的交流。在实现这一远大目标的浩瀚征程中，有两个重要的关键领域：

理解和生成。从理解来看，机器需要能正确理解人类所表达的含义。从生成方面来看，机器需要能够以一种自然的方式生成适当的回复。这两个方面的技术可以分别概述为自然语言理解（NLU）和自然语言生成（NLG）。

在实现对话聊天的过程中，有两种基本方法：一种方法是规则驱动的方法和基于机器学习的方法。基于规则驱动的方法，与之前章节中所讲述的基于规则的方法相似，开发人员需要手动编写规则，这些规则描述了机器应该如何处理输入并生成输出。这种方法的优点是，它可以提供精确的控制和灵活性，但缺点是，编写规则是一项耗时且容易出错的工作。

另一种方法是基于机器学习的方法。这种方法依赖于大量的数据，通过学习输入和输出之间的关系，自动地推断出规律。其中最常用的方法是递归神经网络（RNN）和 Transformer 模型。这些模型可以在大规模数据集上进行训练，并且能够学习到与输入相关的信息，以及如何根据这些信息生成合适的回复。

基于机器学习的方法的对话聊天，虽然依赖大量数据的支撑，但往往能够取得较好的效果，本章之前提到的序列到序列（Sequence-to-Sequence, Seq2Seq）模型就是这样能够取得很好效果的例子。Seq2Seq 模型由编码器和解码器两部分组成，也就是人们在神经网路的机器翻译提到过的编码器—解码器模型。编码器将输入序列转换为一个向量表示，而解码器则将该向量作为输入，并输出生成的回复序列。编码器和解码器都使用循环神经网络来建模序列信息。Seq2Seq 模型通常使用长短时记忆网络（Long Short-Term Memory, LSTM）来实现 RNN，并通过反向传播算法和梯度下降优化算法进行训练。

此外,当前另一种常见的模型是基于变分自编码器（Variational Autoencoder, VAE）的生成模型。VAE 是一种概率生成模型，通过将输入数据映射到一个潜在空间中的向量表示，从而实现对数据的建模和生成。在对话聊天领域,可以将 VAE 应用于生成回复。具体地,VAE 模型通过编码器将输入序列映射到潜在空间中的隐向量表示，然后使用解码器将该隐向量表示转换为回复序列，VAE 模型的结构如图 1.31 所示。

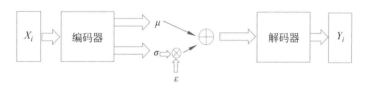

图 1.31　变分自编码器（VAE）的结构

进行机器学习的模型当然不仅于此，它们各有千秋。基于记忆网络（Memory Network）的对话模型可以通过记忆读取和写入操作实现对上下文信息的记忆和利用。还有基于强化学习的对话模型，该模型通过交互式学习和自我对话来优化模型的性能和回复质量，也取得了不错的效果。

对话聊天亟待解决的一个关键问题是：如何评估机器生成的回复的质量。广泛使用的方法是人类评估，顾名思义即为人类手动进行评估的办法。此外还有自动评估的方法，即使用一系列度量标准来评估机器生成的回复的质量。自动评估方法可以加快评估的速度，但它们可能无法捕捉到人类评估的所有细节。

2. 文本生成

文本生成的原理同样也可以划分为基于规则的方法和基于模型的方法。

基于规则的方法是指使用预定义的模板或语法规则，根据输入的信息，填充或组合模板或规则，生成符合句法和语义的文本。这种方法的优点是生成的文本比较流畅和准确，缺点是需要人工编写大量的模板或规则，不具有泛化能力和灵活性。

基于模型的方法是指使用机器学习或深度学习的模型，根据输入的信息，学习文本的概率分布或隐含表示，然后根据概率分布或隐含表示，生成符合统计特征和语义特征的文本。这种方法的优点是可以从大量的文本数据中自动学习文本生成的规律，具有泛化能力和灵活性，缺点是生成的文本可能存在语法错误或逻辑不连贯等问题。

关于文本生成的模型又可以归类为两种：一种是基于生成式模型的方法；另一种则为基于检索式模型的方法。

基于生成式模型的方法是指使用一个参数化的模型，根据输入的信息，直接生成输出的文本。这种方法通常使用序列到序列（Seq2Seq）模型或变分自编码器（VAE）模型等。Seq2Seq模型是一种使用编码器-解码器结构的神经网络模型，可以将一个输入序列编码成一个向量，然后将这个向量解码成一个输出序列。VAE模型是一种使用随机变量作为隐含表示的自编码器模型，可以将一个输入序列编码成一个随机变量分布，然后从这个分布中采样一个向量，再将这个向量解码成一个输出序列。这种方法可以生成多样性和连续性的文本，但也可能存在不稳定或不一致等问题。

基于检索式模型的方法是指使用一个索引结构，根据输入的信息，在一个预先构建好的文本库中，检索出最相关或最适合的文本作为输出。这种方法通常使用信息检索（IR）技术或神经网络检索（NNR）技术等。IR技术是一种使用关键词匹配或向量空间模型等方式，计算输入信息和文本库中每个文本之间的相似度或相关度，并返回最高分数的文本。NNR技术是一种使用神经网络模型，将输入信息和文本库中每个文本都映射到一个低维空间，并计算它们之间的距离或内积，并返回最近或最大值的文本。这种方法可以保证生成的文本质量和一致性，但也可能存在缺乏创新或不适应新领域等问题。

本章小结

在本章中，我们从技术本身的演进过程和技术在视觉、自然语言处理领域的应用分别介绍了机器学习技术的发展和历史，回顾了过去的机器学习发展。

从传统的监督学习、无监督学习，到最新的强化学习范式，这些机器学习范式的变化也带来应用的变化，例如，在过去的应用中，图像和文本必须具备相应的语料库和数据集，在第2章我们将介绍大语言模型，在更多的下游任务中，不需要数据集或者语料库，甚至只需要一个小小的提示词（Prompt）就可以完成更多的任务和目标。

由于书籍的篇幅限制，如果想更多地了解相关技术和方法，可以扫描如下二维码查看参考资料。

第1章 参考资料

第 2 章

ChatGPT

02

人类的整个发展取决于科学的发展。

——普朗克

2.1 ChatGPT 发展历程

　　人工智能的发展经历了多个阶段，从 20 世纪以逻辑表达和推理技术为核心的专家知识库、专家系统，到以数理统计为核心的深度学习，人工智能已经发展了近一个世纪。1956 年，美国汉诺斯小镇上，正在进行着一场讨论，我们的大脑是如何工作的？而机器是否可以模拟大脑，帮助人类完成特定的任务？在会上的人们你来我往，相互争辩，在这个过程中，"人工智能"正式登上了科研学术的历史舞台，开始了一个漫长而复杂的发展过程，随着人工智能的进一步发展，越来越多的想法和梦想成为现实，这其中就包括了我们今日最瞩目的人工智能产品——ChatGPT。

　　如果说图像的分类和识别是正常和直观的积木拼搭的过程，那么自然语言处理就是抽象和逻辑的推理思考。早期自然语言处理大量依赖语言学专家的知识和语法，通过人工定义的词汇含义和语法结构进行问答、聊天和翻译。随着统计学习的发展，自然语言处理开始利用机器学习方法和人工标准的数据进行训练，机器翻译和搜索引擎技术开始大规模发展起来，而谷歌、百度的搜索就是其中的典范。而深度学习的出现，为解决大规模语言数据奠定了基础，通过海量的文本数据得到潜在关系表达成为可能，尤其是Transformer 网络结构出现后，成为了自然语言处理领域最优的网络结构，ChatGPT 就是在这些技术基础之上，自然语言处理算法的集大成者，如图 2.1 所示，整个 ChatGPT 的训练过程可以分为3 个阶段。

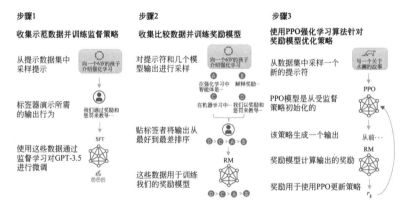

图 2.1 ChatGPT 的训练过程

首先，大规模语言模型是 ChatGPT 的基础。大规模语言模型的大在于模型大，从最小二乘法的几个参数，到支持向量机的几十上百个参数，再到深度学习模型的百万个参数，这些众多的参数正如一只只蚂蚁和蜜蜂一般，数量增长带来的质变诞生了前所未有的能力和规模效应。比较早的自然语言大模型 BERT 拥有上亿的参数，而 ChatGPT 早期版本 GPT-2 有着 15 亿的参数，如果把 GPT-2 看成是一个国家，那么组成它的每个参数要比中国的全部人口总数还多。而 ChatGPT 和 GPT-3 有着 1750 亿的参数，要知道地球上臭名昭著的老鼠一共只有 65 亿只，哪怕是人类最常吃的鸡全球也只有 237 亿只，而 ChatGPT 一个模型，其参数就已经 1750 亿个了，这样大规模的模型可以存储大量的知识、文本相关性等，而这也就是 ChatGPT 能力强大最原始的原因。

其次，能够能将大规模语言模型的知识和能力发挥出来的，靠的是 Prompt 的技术。如果说大规模语言模型是一个充满知识和力量的宝藏，那么开启这个宝藏的钥匙就是 Prompt。作为自然语言处理领域的下游任务和大模型的接口，Prompt 功不可没。在结构化和示例化的提示下，GPT 才能按照其规则生成相应的答案和文本。过去基于 Fine-tune 的方法，需要重新训练大量的模型参数，导致下游任务的成本升高，在一些情况下，甚至无法使用，而 Prompt 将人为的规则给到预训练模型，使模型可以更好地理解人的指令，以便更好地利用预训练模型。之后我们会介绍 3 种典型的 Prompt 办法，从最初的固定模板 Prompt，到最新的自动化生成 Prompt，这种微调算法不断地推陈出新，成为自然语言处理领域，尤其是大语言模型在下游任务训练的主流方法。

最后，将机器生成的"文本"变成"人话"的技术，则是应当归功于以强化学习为基础、人机交互实现的人在环路（Human in loop）。监督学习就像一个老师，靠着样本和标签指导模型得到相应的结果；半监督学习就像一个成年人，靠着举一反三的能力在不同数据和应用上取得相应的效果；而强化学习就像是游戏一般，通过不断地尝试和总结，最终得到最优通关的办法。再利用人工给GPT生成的文本打分，将打分结果反馈给GPT模型，进而在下一次生成的时候，能够更加逼近"人话"。人类反馈的强化学习实现了对数据的高效利用，在ChatGPT中的应用，更是使得传统的语言生成模型生成了符合人类表达的语言和语句，极大地提高了大语言模型在最终应用端的使用效果，提升了人类的交互体验，取得了前所未有的成功！

2.2　大规模语言模型

2.2.1　概述

人类技术进步的历史是一个观念提升和物理局限缩小的过程，从最原始的游牧生活，变成定居生活，一方面是人们的观念提升，想要更加稳定的生活状态；另一方面，是小麦的人工栽培，降低了环境中食物产量的物理局限性。语言模型从最早的规则模型发展到大规模统计模型，同样经历了观念和物理局限的更迭。

基于专家系统的自然语言处理：最早的自然语言模型强依赖于专家知识，因此在20世纪的自然语言研究学者通常是组合派，一个计算机专家和一个语言学家，靠着专家的结构化知识，完成对自然语言的解构和建模，进而达成应用。

基于数理统计的自然语言处理：在20世纪后期，统计学和概率论的发展给自然语言处理注入了灵魂，尤其是N-Gram（图2.2）

的出现，替代了过去的规则算法，而是基于前 N 个或者附近 N 个词进行第 N+1 个词的预测，此后，这种预测和上下文学习的思路成为自然语言处理的最广泛思路，即使在 ChatGPT 或者是 BERT 这种大规模语言模型中，本质的思路依然是这种模式。

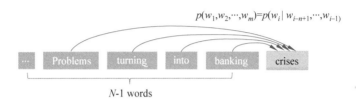

图 2.2　基于数理统计的自然语言建模过程

基于深度学习的自然语言处理：当进入 21 世纪，尤其是深度学习技术出现并不断成熟后，这种技术的风暴也席卷了自然语言处理领域，在过去十年，这场风暴的焦点集中在图像领域，从最初的全连接网络、卷积网络，到目前普遍应用的残差网络、密集网络等，都是计算机视觉带来的产物，而这十年间，自然语言处理也有着各种技术架构出现，例如早期的长短时记忆网络，随之发展来的循环神经网络，这些基本网络结构的发展和演进给自然语言处理带来了进一步的提升，直到 Transformer 的出现，正如人类从游牧生活变成定居生活一般，在 20 世纪末找到自然语言处理的观念——统计模型之后，自然语言处理终于迎来了物理局限的缩小，Transformer 这种基于注意力机制的网络极大地提高了建模语言文本的上下文关系和预测未来文本的准确度，而这就是困扰自然语言处理领域最大的物理局限。

正如技术革命带来人口大爆炸一样，最适合自然语言处理的

Transformer 结构出现之后，模型的规模也迎来了自己的"大爆炸"。如图 2.3 和图 2.4 所示，从 BERT 的上亿参数，发展到今日 ChatGPT 共计 1750 亿参数，这中间是梯度消失、跳连网络、注意力机制等多种底层技术迭代的最终形态。

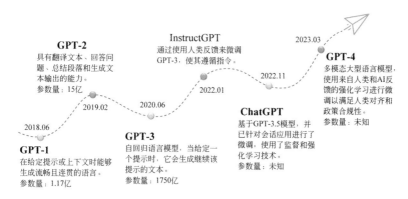

图 2.3　GPT 模型的更新与演进过程

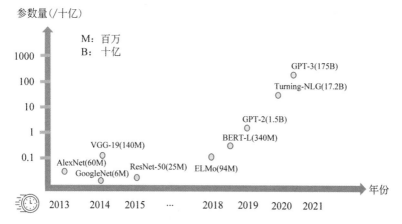

图 2.4　不同深度学习模型的参数规模变化

这些具体的内容如何产生和发展，并影响自然语言处理领域，接下来的内容将从 Transformer 的架构开始，为读者梳理大规模语言模型的训练和目前最强大的语言模型。

2.2.2　Transformer 的网络架构

深度学习发展了近一个世纪，中间有过高峰，也有过低潮，随着科研热度潮起潮落之后，自然语言技术也在曲折中螺旋式上升，这其中，Transformer 的提出则是螺旋式上升过程中一个显著的台阶。

在计算机视觉领域，卷积神经网络和残差网络联手共进的局面已经基本成型，而自然语言处理领域还没有公认的基础模型，还是在修改卷积神经网络和时序神经网络（LSTM 和 RNN 等）中间来回跳转，到了 2017 年谷歌公司发表了 *Attention is All You Need* 一文，Transformer 架构横空出世，正式结束了自然语言处理领域没有公认基础模型的历史。

Transformer 与卷积神经网络和循环神经网络完全不同，采用了注意力机制来完成特征提取和下游任务，后面的部分将依次介绍注意力机制、前向网络和位置编码以及最终 Transformer 的架构。

1. Attention

注意力机制是被用于计算相关程度的一种方法，例如在很多语言处理任务中，不同的单词有不同的权重，而且对于输出而言，不同的单词也有着不同的重要程度，注意力机制就是为了解决这个问题而被提出来的。

注意力的核心是通过 3 个向量进行计算，分别是 **Q**(Query)、**K**(Key)、**V**(Value)3 个向量，其中的 **V** 可以理解为输入特征的向量，而 **Q** 和 **K** 则是用于计算 Attention 权重的两个向量，这里大家可以理解为 **Q** 和 **K** 是由输入特征得到的某种权重影响因子即可。

更具体而言，这种 3 个向量的计算方式源于查询的关键匹配，**V** 是我们希望查询的内容，而 **Q** 是和 **V** 有关系的一系列关键词，**K** 则是查询数据库中所具有的关键词，因此通过计算 **Q** 和 **K** 的相似程度，基于该相似程度对 **V** 进行加权，最终得到的向量则是增强了 **V** 中和查询数据库中关键的成分，削弱了不相关的成分。

在自然语言处理领域，这 3 个向量已经失去部分原始的意义，而变成单纯的对于输入特征之间的相关关系的一种度量，其计算过程如下。

（1）计算比较 **Q** 和 **K** 的相似度，用函数 f 来表示：

$$f(\pmb{Q}, \pmb{K}_i), \quad i=1, 2, \cdots, m$$

（2）将得到的相似度进行 Softmax 操作，进行归一化：

$$\alpha_i = \frac{e^{f(\pmb{Q}, \pmb{K}_i)}}{\sum_{j=1}^{m} f(\pmb{Q}, \pmb{K}_j)}, \quad i=1, 2, \cdots, m$$

（3）针对计算出来的权重 α_i，对 **V** 中所有的分量进行加权求和，得到最终的 Attention 向量：

$$\sum_{i=1}^{m} \alpha_i V_i$$

其中，计算相似度的函数 *f* 可以是不同的形式，例如可以是 **Q** 和 **K** 的点乘，或者是二者权重乘积等。在 Transformer 的结构中，Attention 是归一化的点乘（Scaled Dot-Product Attention），具体的计算过程为

$$\text{Attention}(\boldsymbol{Q}, \boldsymbol{K}, \boldsymbol{V}) = \text{Softmax}\left(\frac{\boldsymbol{Q}^{\mathrm{T}}\boldsymbol{K}}{\sqrt{d_k}}\right)\boldsymbol{V}$$

其中，$\boldsymbol{Q} \in R^{m \times d_k}$，$\boldsymbol{K} \in R^{m \times d_k}$，$\boldsymbol{V} \in R^{m \times dV}$，最终输出的矩阵维度为 $R^{m \times dV}$，整个计算过程可以表示为图 2.5。

2. Multi-Head Attention

在实际的模型中，只做一次 Attention 计算是不足以获取每个特征的相关关系的，因此就有了 Multi-Head Attention，具体计算如图 2.6 所示。

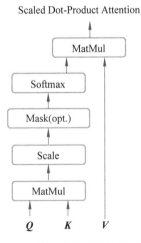

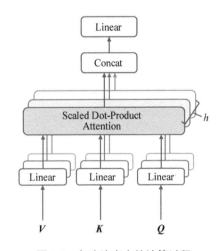

图 2.5　注意力机制的计算过程　　　图 2.6　多头注意力的计算过程

（1）对原始 **Q**、**K**、**V** 进行线性映射，得到相应的矩阵：

$$QW_i^Q,\ KW_i^K,\ VW_i^V$$

（2）利用上一部分提到的 Scaled Dot-Product Attention 对上述 3 个矩阵进行计算。

（3）重复多次上述（1）~（2）步，将所有结果进行合并。

（4）将（3）结果进行线性变换，得到最终的结果。

通过这样多个 Attention 的叠加，模型可以获取更为准确和不同维度的相关关系特征，因此，结果会更准确，模型的能力也更强。

3. Feed-Forward Network

除了 Attention 机制之外，Transformer 中还有一层结构为前馈神经网络（Feed-Forward Network），这一层主要包含两个线性变换和一个 ReLU 激活函数，用于增强整个网络的非线性能力，最终增强每个单词特征的表达能力：

$$\text{FFN}(x)=\text{ReLU}(xW_1+b_1)W_2+b_2$$

4. Position Embedding

语言的前后顺序往往包含着语义和语法信息，因此为了获取输入序列的顺序信息，Transformer 对输入进行了位置编码，利用三角函数将词语的先后关系编码到了向量中，具体编码过程如下：

$$\text{PE}(t,\ i)=\begin{cases}\sin(\omega_k t),\ i=2k\\\cos(\omega_k t),\ i=2k+1\end{cases}$$

其中，t 代表了单词的位置，i 代表了该单词的第 i 个维度，$\omega_k=\dfrac{1}{10000^{2k/d}}$。

在这种位置编码结构中，因为没有训练参数，模型的参数规模得到了下降，同时由于三角函数的周期性，最终不同位置的向量存在着线性关系，这样也可以维持相对位置的信息。

5. Transformer

在介绍了基本的结构之后，这一部分将介绍整个 Transformer 架构，同之前的序列处理模型一样，Transformer 也是 Encoder-Decoder 的结构，如图 2.7 所示。

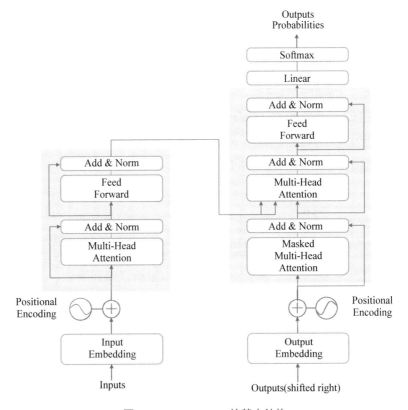

图 2.7 Transformer 的基本结构

（1）编码器结构：编码由 6 层的 Attention 网络组成，每层由 1 个 Multi-Head Attention、1 个前馈网络和 2 个正则化操作组成，同时在正则化之前模仿了 ResNet 的残差结构，最终的输出是上一个结构的输入和输出之和。

（2）解码器结构：解码同样是 6 层的 Attention 网络，只是具体的组成不同，由于是生成网络，因此第一个 Multi-Head Attention 增加了 Mask，即将大于 i 时刻的数据加上 Mask，使其为零，在最终输出的结果中预测这部分单词，除此之外，其他的结构和编码器相同，都是由 1 个 Multi-Head Attention、1 个前馈网络和 2 个正则化操作组成。

由于 Transformer 在处理时序数据的操作中，相较于循环神经网络和卷积神经网络，效率更加高，而且因为主要由线性变换组成，因此有很好的并行性。当然，其可解释性也更强。因此，在 Transformer 出现之后，自然语言处理领域都采取这种网络结构，甚至在计算机视觉领域，也出现了 Vision Transformer（ViT）的处理思路，取得很好的效果。

2.2.3 从概率模型到上下文学习

自然语言处理因为面对的是符号化的表达和语言，而这些表示通常是抽象或者具象化的，而现代的数理统计都是以数值分析为基础，因此如何将符号化的语言表示成数值的表示成为自然语言处理的一大难题。

最简单的表示方法——One-Hot 向量：一种最简单的方式是，

将词库利用 One-Hot 向量进行编码，每一个维度代表了对应的词，相应的句子利用这样的词向量叠加表示。这种表示方法的优点在于，不同的词之间不存在叠加性。例如图 2.8 所示，如果用连续值来表示词语，例如 1 代表"我"，2 代表"是"，3 代表"人"，那么可能会出现"我"+"是"="人"（因为 1+2=3），因此连续值存在着某种叠加信息，而这种叠加信息在自然语言处理领域，往往是错误的，而 One-Hot 向量则没有这个问题，因为"我"和"是"分别处于向量的不同维度，不会出现简单的线性叠加问题。而这种表示方法的缺点也是显而易见的，那就是每个词向量的维度会随着词库数量的增加而增加，因此在面对一个大规模的词库时，这种表示方法就无能为力了。

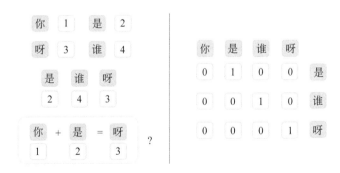

图 2.8　连续数值表达的叠加性（左）和 One-Hot 向量表示（右）

为了解决维度爆炸和词向量的表示问题，自然语言处理引入了预训练过程。与迁移学习的思路相同，先在一个基础数据集上进行任务训练，得到了一个基础网络之后，利用该网络的特征提取能力用到另一个任务或者网络中。在自然语言处理领域，则是希望能够在大量语料基础上，获得词向量的表达模型，之后将该网络输出的词向量用于一些下游任务中。

基于词嵌入的预训练模型：最早将神经网络用于词向量表达的是神经网络语言模型 (Neural Network Language Model，NNLM)，如图 2.9 所示，通过神经网络来获取词汇的特征表达，在输出层用 Softmax 来获取相应词汇的概率。由于其网络结构是全连接网络，因此只能处理固定长度的序列，而 Softmax 的大量参数限制了模型的训练速度，因此没有被广泛使用。

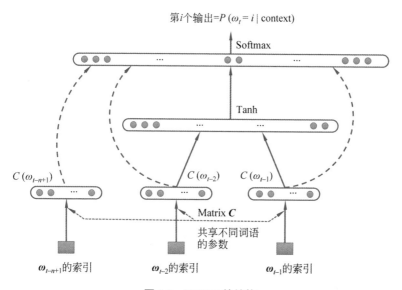

图 2.9　NNLM 的结构

Word2Vec 模型从大量文本语料中通过无监督的方式学习语义知识，传统的 One-Hot 编码方式由于其维度规模的局限性和表达向量太过稀疏而无法在实际环境中使用，Word2Vec 为了克服这两个缺点，通过词嵌入模型，得到单词的编码向量。

具体而言，如图 2.10 所示，Word2Vec 有两种模型：一是 CBOW(Continuous Bag-of-Word)，通过上下文预测当前的词汇，即利用 ω_{t-2}, ω_{t-1}, ω_{t+2}, ω_{t+1} 来预测 ω_t；二是 Skip-Gram，通过当前词汇预测上下文词汇，即利用 ω_t 来预测 ω_{t-2}, ω_{t-1}, ω_{t+2}, ω_{t+1}。二者的区别主要在于中心词和周围词的预测关系，因此二者特性有所不同：CBOW 方法利用周围词预测中心词，因此是通过中心词的梯度下降不断调整周围词的向量，这种调整是"一对多"，即一个中心词的梯度会同样作用于每个周围词的词向量中，而 Skip-Gram 是利用中心词来预测周围词，是通过周围词的梯度不断调整中心词的词向量，是一个"多对一"的过程，也正因如此，Skip-Gram 相比 CBOW 需要预测更多次才能完成整个训练过程。不过也正因如此，在 Skip-Gram 中，每个词都要受到周围的词的影响，每个词在作为中心词时，都要进行 K 次（周围词的数量）的预测、调整。因此，当数据量较少，或者词为生僻词（出现次数较少）时，这种多次的调整会使得词向量相对地更加准确。尽管 CBOW 中，某个词也是会受到多次周围词的影响（多次将其包含在内的窗口移动），进行词向量的跳帧，但是这是跟周围的词一起调整的，梯度的值会平均分到该词上，相当于该生僻词没有受到专门的训练，它只是沾了周围词的光而已。

以 CBOW 的模式为例，Word2Vec 的整个过程分为以下几步。

（1）将上下文词进行 One-Hot 表征作为模型输入，其中词汇表的维度为 V，上下文单词的数量为 C。

如图 2.11 所示，将中心词作为目标，上下文的词汇作为输入。

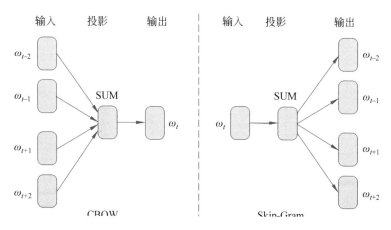

图 2.10　Word2Vec 的基本模型

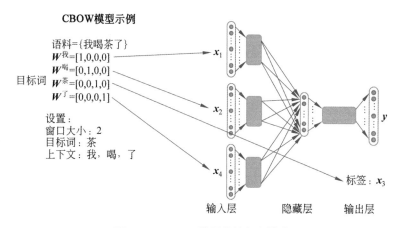

图 2.11　CBOW 模型的输入和输出

（2）将所有上下文词汇 One-Hot 向量分别乘以输入层到隐藏层的权重矩阵 **W**。

如图 2.12 所示，其中的权重矩阵 **W** 又叫嵌入矩阵，可以通过随机初始化生成。

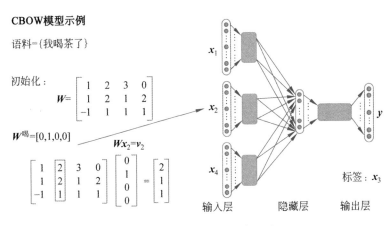

图 2.12 CBOW 模型的词嵌入过程

（3）将上一步得到的各个向量相加取平均作为隐藏层向量。

如图 2.13 所示，通过求平均向量得到最初的隐藏层向量，通过后面的梯度优化，这个向量最终将作为单词的词向量。

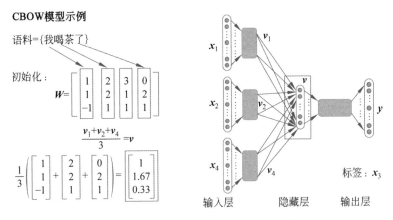

图 2.13 CBOW 模型的隐藏层向量的计算过程

（4）将隐藏层向量乘以隐藏层到输出层的权重矩阵 **W'**。

如图 2.14 和图 2.15 所示，通过将隐藏层向量和另一个嵌入矩阵做积，得到输出向量。

CBOW模型示例

语料={我喝茶了}

初始化:

$$W' = \begin{bmatrix} 1 & 2 & -1 \\ -1 & 2 & -1 \\ 1 & 2 & 2 \\ 0 & 2 & 0 \end{bmatrix}$$

$$W'v = y$$

$$\begin{bmatrix} 1 & 2 & -1 \\ -1 & 2 & -1 \\ 1 & 2 & 2 \\ 0 & 2 & 0 \end{bmatrix} \begin{bmatrix} 1 \\ 1.67 \\ 0.33 \end{bmatrix} = \begin{bmatrix} 4.01 \\ 2.01 \\ 5.00 \\ 3.34 \end{bmatrix}$$

标签：茶

输入层　　　　　隐藏层　　　　输出层

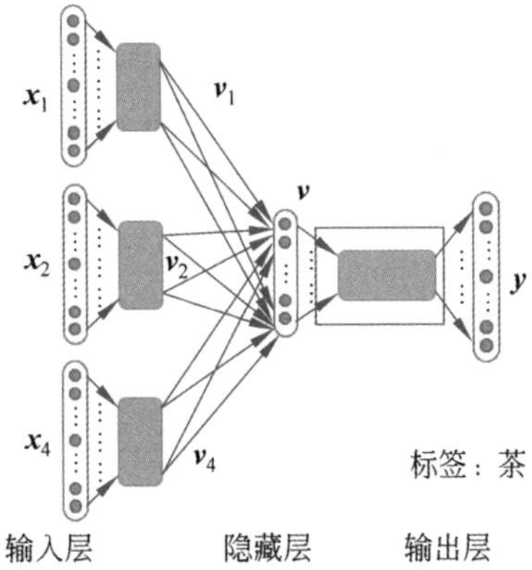

图 2.14　CBOW 模型的权重更新

CBOW模型示例

$$P(\text{traget=j}) = \frac{e^{y_j}}{\sum_{c=1}^{4} e^{y_c}}$$

$$y = \begin{bmatrix} 4.01 \\ 2.01 \\ 5.00 \\ 3.34 \end{bmatrix}$$

标签：茶

输入层　　　　　隐藏层　　　　输出层

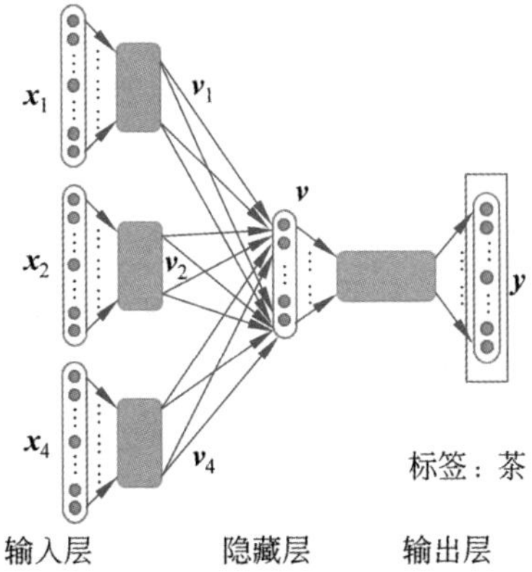

图 2.15　CBOW 模型的输出向量的计算过程

（5）将最后的输出向量进行 Softmax 激活处理得到 v 维的概率

分布，取概率最大的索引作为预测的目标词。

在训练过程中，将输出的概率向量和真实标签向量做交叉熵损失，并利用梯度下降，更新网络的两个嵌入矩阵。

Skip-Gram 训练更新方式与上述过程类似，只是相应地将中心词和周围词的输入和输出关系替换，因此在这里不再具体分析。

最终通过可视化（以 50 000 个单词训练得到 128 维的 Skip-Gram 词向量压缩到二维空间中的可视化展示图，如图 2.16 所示），能够发现很多相近的词语的词向量距离也非常相近，这也证明了 Word2Vec 这种词嵌入模型的可靠性。

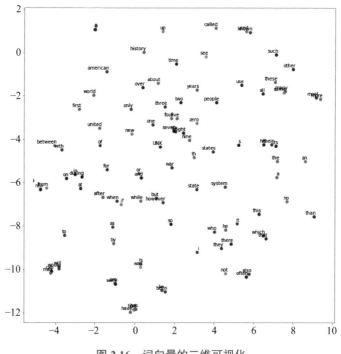

图 2.16　词向量的二维可视化

在实际应用中，由于真实环境下词表的维度特别大，同时由于Softmax 的存在，导致整个计算过程的计算量特别大。因此，实际应用 Word2Vec 模型时，存在很多优化算法，如 HS（Hierarchical Softmax）利用哈夫曼编码极大降低了单词的计算次数，同样还有负采样等方法可以降低更新权重的频率，进而节省计算。

同样，Word2Vec 出现之后，也有了很多的词嵌入方法，例如 Glove(Global Vectors for Word Representation)，通过单词的共现频次矩阵，实现了学习词表征的目的，相较 Word2Vec 这种简单映射的表示，Glove 的词向量能够充分考虑语料库的全局特征，因此更加合理。

随着自然语言处理的发展，更进一步地涌现出了上下文嵌入（Contextual Embeddings）的预训练模型，接下来的两小节将以 BERT 和 GPT 模型为例介绍上下文嵌入模型的具体方法和特点。

2.2.4　BERT 模型

BERT 的全称是 Bidirectional Encoder Representation from Transformer，即来自 Transformer 的双向编码表达。BERT 的主要创新点都在预训练方法，即用了 Masked LM(Masked Language Model) 和 Next Sentence Prediction 两种方法分别捕捉词语和句子级别的表达。

本小节将从以下方面介绍 BERT 模型：模型的输入输出、模型的预训练任务、模型的具体结构等。

1. BERT 的输入和输出

同前面介绍过的词嵌入模型类似，在 BERT 模型中，文本的字或者词也是用一维向量（通常被称为"词向量"）来表示，BERT 正是将文本中各个字或者词的一维词向量作为输入，经过特定设计的神经网络结构处理之后，输出一个相应的词向量，最终输出的这个词向量就是相应文本的语义表示。

如图 2.17 所示，BERT 模型的输入是文本的词（字）向量，模型的输出则是输入文本关联上下文后的向量表示。具体来看，为了使得最终学习到的向量表示具有上下文的语义信息和文本在不同位置的不同语义，模型的输入除了文本转换得到的词（字）向量，还有文本的文本向量和位置向量，二者都是通过学习得来的。其中，文本向量用来刻画句子级别的语义信息，因为在不同句子中，不同的词向量有不同的含义。因此，通过文本向量来学习文本在全局的语义信息；而位置向量与之前 Transformer 的位置编码不同，也是通过学习的手段得到，而不是之前通过三角函数来表示，通过学习词汇的位置向量，可以有效获取出现在文本不同位置的字/词所携带的语义信息的差异特征，从而有利于获取一词多义的表征。

如图 2.18 所示，最终将上述 3 个向量相加作为 BERT 模型的最终输出。在原始的 BERT 模型中，因为英文语言本身的特征，还将英文词汇进一步分割，例如将 playing 划分为 play 和 ##ing，从而获得更为细粒度的语义单位（Word Piece）。

与输入不同，BERT 模型的输出根据不同的任务有着不同的输出格式，相应的输入也进行了微调。

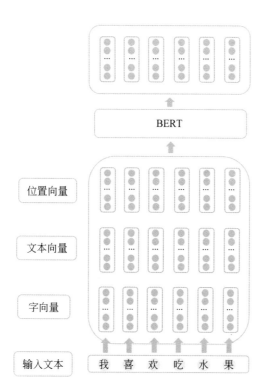

图 2.17　BERT 模型

输入	[CLS]	这	是	小	明	[SEP]	他	爱	唱	歌	[SEP]
字向量	[CLS] +	这 +	是 +	小 +	明 +	[SEP] +	他 +	爱 +	唱 +	歌 +	[SEP] +
文本向量	A +	A +	A +	A +	A +	A +	B +	B +	B +	B +	B +
位置向量	0	1	2	3	4	5	6	7	8	9	10

图 2.18　BERT 模型的 3 个输入向量

在单文本分类任务中，如图 2.19 所示，BERT 会在输入文本前插入一个 [CLS] 符号，最终将该符号对应的输出向量作为整篇文本的语义表示，用于最终的文本分类。因此，相较于其他带有特定语义的词语，这样一个无明显语义的符号可以更加公平地反映整个句子的语义信息，避免了单个词语本身所包含的语义特征。

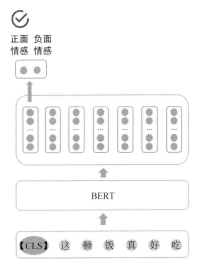

图 2.19　BERT 模型的单文本分类任务

如图 2.20 所示，在语句分类任务中，BERT 模型除了在输入中加入了 [CLS] 符号，还在断句的部分加入了 [SEP] 符号，用于表示前后分别属于不同的句子，利用输入的文本向量来进一步获取不同句子的语义特征。

如图 2.21 所示，在序列标注任务中，例如中文中的分词，BERT 模型则是利用每个字（词）对应的输出向量对该词进行标注。

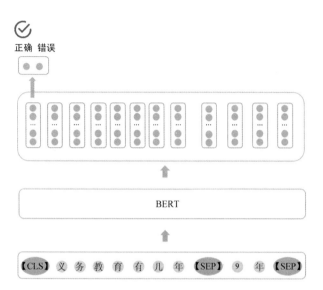

图 2.20　BERT 模型的语句分类任务

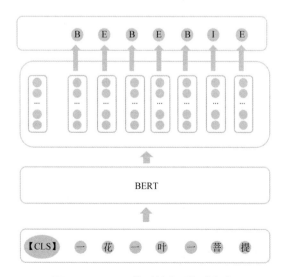

图 2.21　BERT 模型的序列标注任务

例如图 2.21 中最终的向量分类结果 B、I、E 分别表示一个词的第
一个字、中间的字和最后一个字，实现了序列标注的任务。

2. BERT 的预训练任务

BERT 本质上是词嵌入模型，最终的目的是获取字、词和句 3
个不同级别的语义特征。因此，BERT 需要在预训练任务中进行训练，
获得文本的相应信息和特征，最终用于一些具体的下游任务。因此，
BERT 选择了两种预训练任务，保证模型学习文本的特征和语义信
息，获得上下文的编辑和学习的能力。

3. 蒙版语言模型训练

如图 2.22 所示，蒙版语言模型（Masked Language Model）
通过随机抹去一句话中的词汇，然后用 BERT 来预测这部分被抹去
的词汇。通过这个任务，模型可以学习到上下文相关的语义信息。
在训练过程，一句话会被随机抹去 15% 的词汇，进而去完成预测
过程。在被抹去的词汇中，有 80% 的词汇会被一个特殊符号 [MASK]
替换，有 10% 的词汇会被随机一个词语替换，剩下 10% 的词汇会
维持原来的词汇不变。这种特殊的遮罩设计，一方面避免了模型对
于 [MASK] 这个特殊符号的特征学习，导致在实际任务中效果不好，
另一方面也让模型具有了一定的纠错能力，迫使模型通过上下文的
文本特征学习相应的特征关系。这种学习过程和前面的 Word2Vec
有相似之处，但是 Word2Vec 模型通常会将所有词都预测一遍，而
BERT 只是随机抽取了 15% 的词汇进行预测，这就节省了大量的
计算过程。

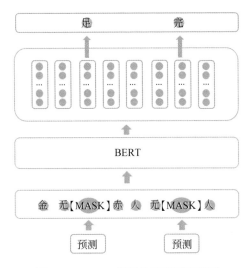

图 2.22　BERT 模型的蒙版语言模型

4. 下一句预测训练

如图 2.23 和图 2.24 所示，下一句预测任务是给定两句话，利用 BERT 来判断两句话是否是连续的，即第二句话是第一句话的后续。这个任务和我们过去做过的语文或者英语的重新排序练习很类似，都是将一篇文章的原有顺序打乱，然后靠上下文理解来还原文章。在实际预训练过程中，从文本语料库中随机选择 50% 正确语句对和 50% 错误语句对进行训练，与 Masked LM 任务相结合，BERT 能够更准确地刻画语句乃至篇章层面的语义信息。这里的语料选择很关键，应当选择文档级别的语料，而不应当是句子级别的，这样可以保证 BERT 可以抽象连续长序列特征，保证了上下文信息的有效性。

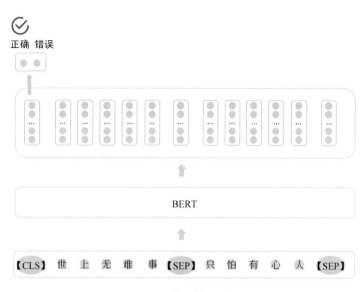

图 2.23　BERT 模型的连续句子预测

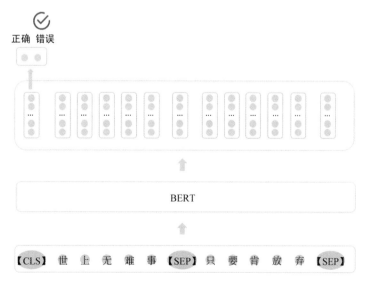

图 2.24　BERT 模型的连续句子预测

BERT 通过上述两个预训练任务使得最终的词向量尽可能具备上下文的语义信息，甚至是全文的语义信息，这样得到的词向量具有更好的适用性和可用性，从而为后续的下游任务微调提供更好的模型参数。

5. BERT 的模型结构

如图 2.25 所示，BERT 模型采用了 Attention 机制，将输入的文本向量利用 Self-Attention 处理，之后将多层 Transformer 结构累加，即可以得到最终的模型结构，具体的计算过程与 2.2.2 节内容中 Transformer 一致，这里就不展开讲解。

2.2.5 GPT 模型

2.2.4 小节介绍了 BERT 模型，BERT 的结构采用了 Transformer 中编码器（Encoder）的结构，如图 2.26 所示，输入时利用了整个句子前后的所有信息，最终输出词向量。GPT 模型和 BERT 不同，如图 2.27 所示，GPT 主要利用了 Transformer 中的解码器（Decoder）结构。二者的区别在于，BERT 模型本质上是希望将文本编码成词向量，希望更多地融合上下文的语义信息，而 GPT 是一种生成式的编码，希望通过前面的词语预测后面的词语，进而实现上下文语义信息的获取，因此 BERT 采用了 Encoder 的模型，主要利用了注意力机制来提取特征和建模相关性，而 GPT 利用 Decoder 的模型，主要利用其中的 Masked Self-Attention 来学习对于后面词语的建模和预测。

同样，我们将从 GPT 模型的输入和输出、预训练任务和模型

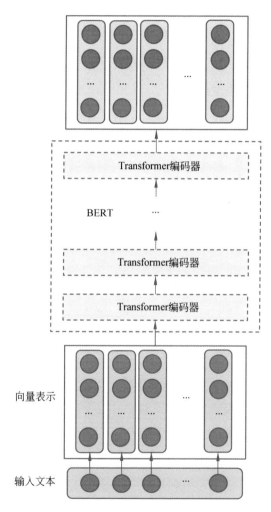

图 2.25　BERT 模型的结构

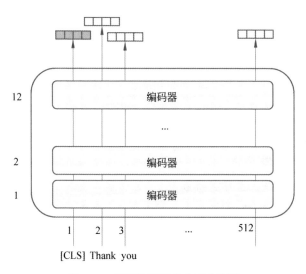

图 2.26　基于编码器的上下文预测

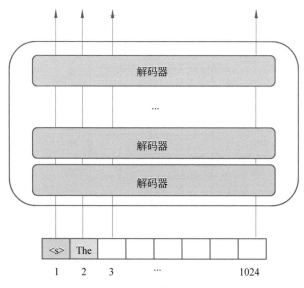

图 2.27　基于解码器的上下文预测

结构 3 个方面来介绍 GPT 模型。

1. GPT 的输入和输出

GPT 模型的输入主要包括两部分: 一部分是单词的词向量; 另一部分是位置编码。通过单词的词向量和位置编码的输入, 可以使得模型获取词汇和上下文语义的信息。

如图 2.28 所示的词向量来自于一个嵌入矩阵 (Token Embeddings), 通过这样获得的词向量本身包含一定的语义信息, 这个嵌入矩阵通常来源于一个提前训练的词向量表达 (例如, Word2Vec 等) 或者随机的矩阵 (直接在训练过程不断更新), 这与 BERT 中的词向量的学习和编码类似, 都是通过学习的方式来获取编码。最终将整个句子的所有单词组成的句向量作为输入送 GPT 的模型中, 进行计算。

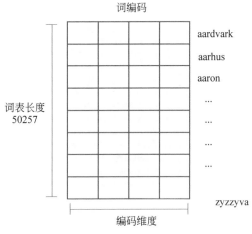

图 2.28　GPT 模型的词向量表

而单词的位置编码与 BERT 不同，BERT 的位置编码同样采取了学习的机制，编码通过学习来实现，而 GPT 模型中的编码是采用上万个不同频率的正弦函数对输入词汇的位置进行编码，最终得到了相应的编码矩阵，如图 2.29 所示。

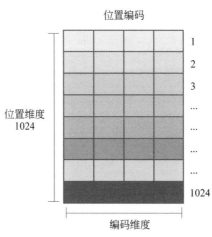

图 2.29　GPT 模型的位置编码

如图 2.30 所示，最终 GPT 模型将词向量的编码和位置编码相加，将最终的编码向量输入 GPT 模型中，进行计算。

2. GPT 的预训练任务

与 BERT 模型不同，GPT 采用了生成式的方式。因此，GPT 的预训练任务是语言预测，核心目标是优化以下公式：

$$L_1 = \sum_i \log P(u_i | u_{i-k}, u_{i-k+1}, \cdots, u_{i-1}; \theta)$$

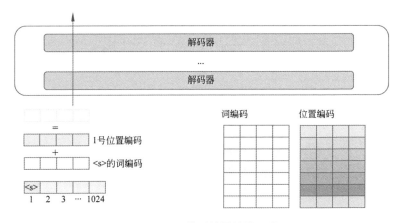

图 2.30　GPT 模型的最终输入编码

注：在这里 log 函数没有底数，表示底数是多少都可以，后同。

通过最大化下一个单词的似然函数，可以得到一个生成式模型，这样只要给定大量无标注文本之后，可以进行反复训练，这个过程与 BERT 模型类似。

3. GPT 模型的结构

如图 2.31 所示，GPT 模型的结构依旧是利用了 Attention 机制。与 BERT 的不同之处在于，GPT 主要采用了解码器的结构，因为解码器中的 Mask 机制非常适配于 GPT 这种生成式的语言模型，可以用 Mask 将后面的序列隐藏，进而达成预测的目标，避免了信息的交叉。

正是因为如此，BERT 模型是通过上下文信息预测相应单词，而 GPT 只是通过上文预测下一个单词。同时，GPT 因为采用了传统语言模型所以更加适合用于自然语言生成类的任务 (NLG)，因为这些任务通常是根据当前信息生成下一刻的信息，而 BERT 更适合

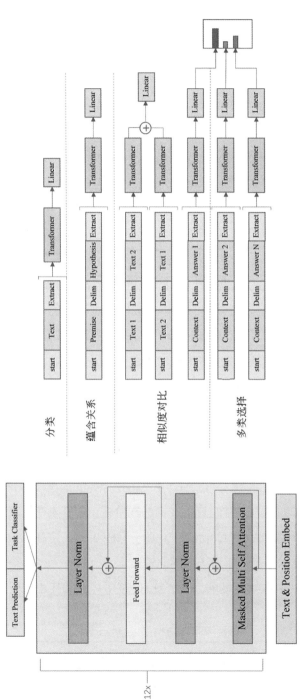

图 2.31　GPT 模型的结构

用于自然语言理解任务 (NLU)。

其实除了 BERT 和 GPT 模型之外，依然还有其他的大规模语言模型，例如 T5、ELMo 等模型，这些模型与 GPT 和 BERT 的原理相近，只是在机制和模型上有所区别。例如 ELMo 利用的是双向 RNN 模型，但整体而言，Transformer 的结构有着无可比拟的优势，因此在这里对其他模型不再赘述。

从早期的 GPT-1、GPT-2，到日益强大的 GPT-3，再到当下傲视群雄的 GPT-4，我们可以清楚地看到这个模型系列在理解和生成文本能力方面的飞速提升。GPT-1 拥有 117M 的参数和 12 层的 Transformer 结构，对简单的文本生成任务表现出色，但对于复杂的长文本的理解还较为薄弱。GPT-2 的模型参数数量增长到了 15 亿，网络层数也增加到了 48 层，并改变了模型预训练的方式，它们大大提升了 GPT-2 文本生成的准确性和连贯性。GPT-3 拥有惊人的 1750 亿参数（GPT-2 参数的 116 倍！）和 96 层的 Transformer 结构，它在理解和生成文本上的表现十分优秀，大大超越了前两代模型。GPT-4 模型的具体参数数量官方目前没有公布，但外界普遍估计在万亿级别之上。并且 GPT-4 不再是单纯的语言模型，它可以接受图像作为输入，并对其生成标题或分析。GPT-4 在其高级推理能力超越了基础版的 ChatGPT（基于 GPT3.5），这在 OpenAI 官方公布的技术报告中有着详细的比较。

我们以文本续写任务为例，比较 GPT-1 ~ GPT-4 模型的写作能力。

输入语句：He is a generous person and he is willing to lend you…

GPT-1: He is a generous person and he is willing to lend you a hand in his own cause, if i have anything to say about it.

GPT-2: He is a generous person and he is willing to lend you money as you work to get your career in the right direction.

GPT-3: He is a generous person and he is willing to lend you a helping hand whenever you are in need. His kindness knows no bounds, and he always goes above and beyond to assist others. Whether it's offering financial support, sharing his knowledge, or simply being there to listen, he embodies the true spirit of generosity. His willingness to lend you not only his resources but also his time and empathy is truly remarkable. He understands the value of helping others and the impact it can have on their lives. You can count on him to be there for you, ready to extend a helping hand whenever you require it. His generosity is a testament to his character and a shining example for us all to follow.

GPT-4: He is a generous person and he is willing to lend you his knowledge, time, and resources without expecting anything in return. He believes that the joy of giving is a reward in itself. Whether it's a challenging task at work, a complicated situation in life, or a question about a subject that piques your interest, you can count on him for assistance. His office door is always open for those who need advice or simply a listening ear. He inspires those around him with his selflessness and kindness, making everyone feel valued and supported. With him, you don't just have a friend or a colleague; you have a mentor, a guide, someone who will stand by your side in times of need.

对于这 4 个模型生成的文本，我们可以清晰地看到每一个版本都在理解和生成文本的能力上相比前一版本有着显著的提升。GPT-1 的生成文本比较简短，理解程度相对浅显，仅仅提到"他"愿意在他的事业上提供帮助。GPT-2 的理解能力提升，将"他"的慷慨转化为愿意在你发展职业生涯的时候提供财务支持，不过文本的深度和范围仍有限。GPT-3 的生成文本则更加丰富和深入，它将"他"的慷慨展现为在任何需要的时候都愿意伸出援手，无论是提供财务支援、分享知识，或者只是在那里倾听。GPT-3 的生成文本已经有了深度和人文关怀的元素，但在细节和个性化的方面还存在提升空间。GPT-4 则将表现提升到了新的高度，将"他"的慷慨描绘为不仅愿意提供知识、时间、资源，而且无须任何回报。GPT-4 的生成文本不仅更加详细，也更具个性化，它将"他"描述为一个导师，一个引导者，一个在需要的时候会站在你身边的人。这种描述更加具有深度和细腻度，也更具有情感的色彩。

通过比较，我们可以清楚看到 GPT 系列模型的进步不仅仅在于更多的参数和更深的网络结构，也在于它们对文本理解的深度和准确度的提升，以及生成文本的连贯性和情感色彩的增强。从 GPT-1 到 GPT-4，我们可以看到一种由浅入深、由简单到复杂的发展趋势，这也预示着 AI 模型在未来的发展可能性。

2.3　以 Prompt 为基础的指令微调

自然语言处理技术的发展经过了几个阶段：最初的统计学习模型，依赖大量的特征工程构造有效的特征来解决自然语言模型的问题；神经网络出现后，尤其是深度学习的应用，使得特征提取和模型训练融合，解决了自然语言处理中特征提取和构造的问题；预训练模型出现后，大规模语言模型成为主流，解决了自然语言处理中的知识获取和保存的问题；而 Prompt 的出现，则提供了与过去 Fine-tune 不同的一种大规模语言模型应用范式，使得大规模语言模型适应下游任务解决实际问题成为可能。

过去基于 Fine-tune 的方法，需要重新训练大量的模型参数，导致下游任务的成本升高，在一些情况下，甚至无法使用。而 Prompt 将人为的规则给到预训练模型，使模型可以更好地理解人的指令，以便更好地利用预训练模型。例如，在文本情感分类任务中，输入为"I love this movie."，希望输出的是"positive/negative"中的一个标签。那么可以设置一个 Prompt，形如："The movie is ___"，然后让模型给出用来表示情感状态的答案（label），如 positive/negative，甚至更细粒度一些的 fantastic、boring 等，将空补全作为输出。这样有个最大的优势在于所需要调整的参数更少，同时，也更能适合大规模语言模型本身的特征。

本节我们将介绍 3 种 Prompt 的格式，分别是完形填空（Cloze Prompt）、前缀提示（Prefix Prompt）和自动提示（Auto Prompt），这也是目前最为广泛的 3 种提示办法。

2.3.1　完形填空

面对无法动摇的大模型（LLM），尤其是人工标签昂贵的前提下，使用文本解释（Textual Explanation）来对大模型进行引导和输出文本，成为一个解决思路，而如何设置提示词、如何将提示过程融入自然语言大模型的训练和调整的过程中，就成为首要问题。

　　而最简单的方式是，通过留空的办法，利用人类的语言进行提问，让大语言模型生成回答。与初中和高中英语考试中的完形填空类似，通过将特定位置的词语留空，让大语言模型来完成"填空"，最终可以根据这些"填空词"得到想要的结果。

　　如图 2.32 所示，当想知道某个电影评论是积极的还是负面的，就可以通过将影评和一个相关的问题串联在一起，利用大语言模型对其进行关键词填空。

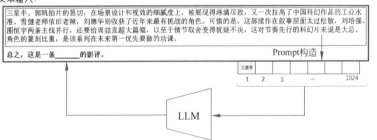

图 2.32　Cloze Prompt 的构造过程

　　利用大语言模型对上面的空白进行填写，最终通过所填写的词语的性质，就可以得到想要的答案。例如，当填写的是"赞美""表扬"等积极词汇时，这便是一条积极的影评，反之，当填写的是"无聊""批评"等词汇时，这便是一条消极的影评。

　　这样的提示过程就是一个典型的完形填空过程。接下来，我们将以 PET（Pattern Exploiting Training）这一算法为例，介绍整个 Prompt 生成和应用的过程。

1. 模式 - 标签词映射对

在介绍 PET 的整个计算过程和算法之前，首先需要介绍一些基本的模型表达，尤其是模式 - 标签词映射对（Pattern-Verbalizer Pair，PVP）的组成部分，这也是 PET 这一模型的基础，更是 Prompt 模式的最初尝试。

用 M 表示利用词表 V 进行预训练的大语言模型，集合 $\mathcal{L}$ 表示目标分类任务 A 的标签集合，而 x 则是输入的文本。在前面影评的例子中，x 就是希望判断的影评，而如何利用 x 去构建 Prompt 则是利用函数 P 来表示，$P(x)$ 代表构造出来的一种 Prompt，其中包含一个特殊的"空字符"，在前面影评的例子中，$P(x)=$"*三星半。郭帆拍片……的功课。总之，这是一条____的影评。*"，其中空出来的位置就是"空字符"，也是未来用大语言模型填词的位置。

进一步地，为了方便最终的分类任务，同样我们也需要定义标签到词表的映射函数 $v:\mathcal{L} \to V$，表示词表 V 中的词语与最终标签的映射关系，例如"赞美""表扬"都代表了正向影评。

根据上述两个函数定义出来的生成和映射关系 (P,v) 就是一个模式 - 标签词映射对。

在拥有 PVP 之后，解决一个 NLP 具体问题的流程就变成：针对给定的任务文本 x，利用函数 P 得到相应的 Prompt 文本 $P(x)$，利用大语言模型 M 预测 $P(x)$ 中的"空字符"，得到概率最大的词汇 y，最后利用标签词映射 v 得到最终的分类标签 $v(y)$。

以判断"张三喜欢李四"和"张三讨厌李四"两个句子观点是否一致为例，那么相应的标签则是"一致"和"不一致"，具体过程为

$$x=(\text{张三喜欢李四,张三讨厌李四})$$

$$P(x)= \text{张三喜欢李四?} \underline{\quad\quad}, \text{张三讨厌李四}。$$

当大语言模型预测其中的"空字符"为"不"时,那么最终两句话就是不一致的,当"空字符"预测为"是"时,二者就是一致的,通过这样的方式,可以尽最大可能地将大语言模型的语言生成和预测能力发挥到最大,减少 Fine-Tune 过程的难度。

2. PET 的训练和推理

Fine-Tune 的技巧非常简单,通过在目标任务上将原始模型重新进行微调,与之相对的,在 Prompt 的框架下,如何进行训练和推理,使得大语言模型在特定任务上能够准确地完成任务,同时又避免了大模型难以训练和特定任务数据可能缺失的问题,就显得至关重要。接下来,我们将介绍 PET 这一模型中训练和推理的过程。

大语言模型 M 通常是生成式模型,不论是 BERT 还是 GPT 模型,均可以根据指定上下文得到相应"空字符"的得分,因此给定在相应任务上定义好的 $p=(P, v)$,对于给定的目标序列 x 和相应的标签 $l \in \mathcal{L}$,可以利用大模型 M 计算相应的标签得分:

$$s_p(l|x)=M(v(l)|)P(x)$$

根据标签的得分,利用 Softmax 函数可以得到标签的概率分布:

$$q_p(l|x)=\frac{e^{s_p(l'|x)}}{\sum_{l' \in \mathcal{L}} e^{s_p(l'|x)}}$$

根据得到的概率分布,在推理时就可以得到相应最大概率的标

签。相应地将上述$q_p(l|x)$和真实的标签进行交叉熵计算,作为损失函数对大模型 M 进行训练,就可以完成 Prompt 的训练过程。

通过人为地将目标任务构造成大模型最适合的语言预测和生成任务,进而提升模型结果的准确率,这就是 Prompt 最本质的原理。

2.3.2 前缀

完形填空式的 Prompt 需要对整个模型进行训练,因此对训练要求很高,因此将 Prompt 的位置固定,每次进行下游任务训练时,只需要更新相应的网络参数即可,这样可以节省大量的训练成本。

前缀提示(Prefix Prompt)就是这样的一种更新方法,其出发点其实很简单,即语言生成模型的前后依赖关系,后续生成依赖于前序词语的特征和编辑,因此前缀提示(Prefix Prompt)在自然语言处理的模型中更为有效。

1. 自回归的语言模型

在大语言模型中,除了完形填空提示中涉及的文本分类的任务,另一类任务是文本生成任务,尤其是条件文本生成任务。例如当给定一篇文章作为条件时:

鲁镇的酒店的格局,是和别处不同的:都是当街一个曲尺形的大柜台,柜里面预备着热水,可以随时温酒。做工的人,傍午傍晚散了工,每每花四文铜钱,买一碗酒,——这是二十多年前的事,现在每碗要涨到十文,——靠柜外站着,热热的喝了休息;倘肯多花一文，便可以买一碟盐煮笋，或者茴香豆，做下酒物了，如果出到十几文，那就能买一样荤菜，但这些顾客，多是短衣帮，大抵没有这样阔绰。只有穿长衫的，才踱进店面隔壁的房子里，要酒要菜，慢慢地坐喝。

......

孔乙己是站着喝酒而穿长衫的唯一的人。他身材很高大；青白脸色，皱纹间时常夹些伤痕；一部乱蓬蓬的花白的胡子。穿的虽然是长衫，可是又脏又破，似乎十多年没有补，也没有洗。他对人说话，总是满口之乎者也，叫人半懂不懂的。因为他姓孔，别人便从描红纸上的"上大人孔乙己"这半懂不懂的话里，替他取下一个绰号，叫作孔乙己。孔乙己一到店，所有喝酒的人便都看着他笑，有的叫道，"孔乙己，你脸上又添上新伤疤了！"他不回答，对柜里说，"温两碗酒，要一碟茴香豆。"便排出九文大钱。他们又故意的高声嚷道，"你一定又偷了人家的东西了！"孔乙己睁大眼睛说，"你怎么这样凭空污人清白……""什么清白？我前天亲眼见你偷了何家的书，吊着打。"孔乙己便涨红了脸，额上的青筋条条绽出，争辩道，"窃书不能算偷……窃书！……读书人的事，能算偷么？"接连便是难懂的话，什么"君子固穷"，什么"者乎"之类，引得众人都哄笑起来：店内外充满了快活的空气。

......

自此以后，又长久没有看见孔乙己。到了年关，掌柜取下粉板说，"孔乙己还欠十九个钱呢！"到第二年的端午，又说"孔乙己还欠十九个钱呢！"到中秋可是没有说，再到年关也没有看见他。

我到现在终于没有见——大约孔乙己的确死了。

当我们阅读完《孔乙己》这篇文章后，希望能够将其摘要或者梗概写出来时，这就是一个条件文本生成任务，给定的条件就是《孔乙己》的全文，而目标生成的文本可能是这么一段摘要：

孔乙己是清末一个下层知识分子。他苦读半生，热衷科举，一心向上爬，在"四书""五经"中耗掉了年华，落到即将求乞的境地。他不肯脱下那件象征读书人身份的、又脏又破的长衫，说起话来满口之乎者也，时刻不忘在人们面前显示自己是与众不同的读书人，甚至当别人戏弄他时，他还一再表现出自命不凡、孤芳自赏的傲气。只有当人们触到他灵魂深处的疮疤："怎的连半个秀才也捞不到"时，他才立刻颓唐不安。在长期的封建教育熏陶中，他和一般"四体不勤""五谷不分"的士大夫一样，养成懒惰的恶习，不会营生。为生计，免不了偶尔做些偷窃的事。即使落到被打折腿的惨境，他还要用手慢慢地走到酒店去喝酒。面对这样冷酷的现实，孔乙己却能在瞒和骗中偷生，自欺欺人，以别人难懂的之乎者也为自己遮丑，显示自己的学问，并以腿是"跌断"的谎言来维护自己的"尊严"。封建科举制度无情地摧残了他的肉体和灵魂，然而他麻木不仁，至死不悟，始终不明白自己穷困落魄终生的原因。这正是他性格中最可悲的东西。作者用无情嘲讽的笔触，通过对孔乙己思想性格的刻画，把批判的矛头直指封建制度。然而，作者在批判他的封建意识时，也表现了一定的同情心，特别是写到他教"我"识字，给孩子分茴香豆，从不拖欠等情节，一再表现了他心地善良，从而更激起读者对迫害他的封建制度的愤恨。

除了上面的自动摘要任务，还有很多其他的任务也是类似的，例如故事的续写、文章的创作等，在给定一个大语言模型前提下，如何训练此类任务，尤其是当计算能力和设备有限时，如何进行训练，成为大语言模型后的一大难点。

为了方便描述，我们将条件文本生成的条件记为 x，将其序列长度记为 X_{idx}，同样，将目标生成文本记为 y，其序列长度记为 Y_{idx}，将二者拼接之后的文本记为 z。

目前最主要的几种大语言模型都是以 Transformer 结构为基础的，Prefix Prompt 希望修改的就是大语言模型中的某几层激活函数的输出，即

$$h_i=[h_i^{(1)}; h_i^{(2)}; h_i^{(3)}; h_i^{(4)}; h_i^{(5)}; \cdots ; h_i^{(n)}]$$

其中，每个 $h_i^{(n)}$ 表示第 n 个 Transformer 层的第 i 个时间步的激活函数，这里的 i 表示输入序列的次序。因此，在给定参数为 ϕ 大语言模型 LM_ϕ 的情况下，h_i 可以写成如下形式：

$$h_i=LM_\phi(z_i, h_{<i})$$

即第 i 个词语的输出受到前面所有词汇分布的影响。因此，第 $i+1$ 个输出词汇的分布可以记为

$$p_\phi(z_{i+1}|h_{<i})=\text{Softmax}(W_\phi h_i^{(n)})$$

其中，W_ϕ 是大语言模型 LM_ϕ 特征映射到最终词表的线性变换。根据大语言模型计算得到的第 $i+1$ 个输出词汇的分布，即可得到词表中概率最大的词作为第 $i+1$ 个词语的输出。因此，与 Cloze Prompt 相同，在 Prompt 训练阶段，需要最大化的值为

$$\max_{\phi}\log p_\phi(y|x)=\sum_{i\in Y_{idx}}\log p_\phi(z_i|h_{<i})$$

通过最大化上述分布，对大语言模型的参数 ϕ 进行训练，即可得到适用于下游条件文本生成任务的模型。接下来的问题就是，如何更新大语言模型中的参数，使得训练成本较小的同时，还能取得非常好的效果。

2. Prefix Tuning（前缀调整）

与其他的 Prompt 方法类似，Prefix Tuning 也是通过一个提示词 Prefix 来引导条件文本生成。因此，模型的输入就包含了额外的前缀 PREFIX，最终的拼接向量 **z** 就变成了如下形式：

$$z=[\text{PREFIX}; X; Z]$$

这是在生成式大语言模型（例如 GPT-2）中的形式，对于 BART 等双向编码 - 解码模型（Encoder-Decoder Model）而言，其形式为

$$z=[\text{PREFIX}; X; \text{PREFIX}'; Y]$$

同样，PREFIX 的序列长度为 P_{idx}。

在更新模型时，只对 $i\in Y_{idx}$ 的激活函数和 Transformer 层进行更新，即

$$h_i=\begin{cases}P_\theta[i,:], & \text{如果 } i\in P_{idx}\\ LM_\phi(z_i, h_{<i}), & \text{其他}\end{cases}$$

在 GPT 的大语言模型中，如图 2.33 所示，每次更新时只更新设计到 Prefix Prompt 的部分，即 P_θ 的参数即可，而不需要更新整

个大语言模型。

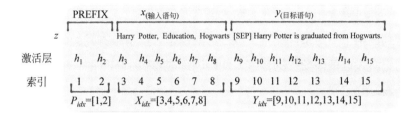

图 2.33 基于 GPT 模型的 Prefix Prompt 结构

同样地，如图 2.34 所示，在如 BART 的双向编码网络中，每次更新只更新编码器和解码器的 PREFIX 部分即可。

图 2.34 基于 BART 模型的 Prefix Prompt 结构

只更新 Prefix Prompt 的参数基于的是一种模型的直觉，主要原因也是 Transformer 架构的前后依赖关系和时序建模的过程，但不可否认的是，在实际的条件文本生成问题上，利用更新前缀参数对原始大语言模型进行微调，在最终效果上取得了显著的提高和性能提升。因此，这是一种有效的更新方式。

在基于 GPT 模型的基础上，这种方法对训练要求不高，而在双向编码的结构下，需要同时更新两个 Prefix Prompt，因此效果会变得相对不稳定，需要进行很好的微调和参数调整，才能取得较好效果。

3. 连续空间的 Prompt

读到这里，可能有些读者会发现，与 PET 模型相比，Prefix Prompt 缺少了 PET 模型中的函数 P，即如何根据下游任务确定 Prefix Prompt 的过程，在之前的 Prompt 方法中，提示词的构建均是显式的、人为构造的，例如 PET 中，我们人为构造的填空位置，进而判断前后是否定还是肯定：

$$x=(\text{张三喜欢李四，张三讨厌李四})$$

$$P(x)=\text{张三喜欢李四？\_\_\_\_，张三讨厌李四。}$$

除此之外，利用函数自动生成提示词的结构如图 2.35 所示。

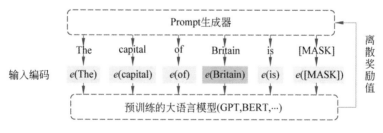

图 2.35　传统离散空间的 Prompt 构造过程

通过图 2.35 所示的 Prompt Generator 就是在 PET 中使用的函数 P，可以将我们的输入 x（在图中是 Britain）填入到相应的 Prompt 位置，同时也预留了大语言模型填空的位置（在图中是 [MASK]）。对于不同的任务，需要人为给定相应的提示词的生成过程，以适应不同下游任务的特性。

而在 Prefix Prompt 中，却没有这样的构造过程，如图 2.36 所示，是通过一个多层感知机（Multilayer Perceptron，MLP）得到Prompt。

$$P_\theta[i, :]=\text{MLP}_\theta(P'_\theta[i, :])$$

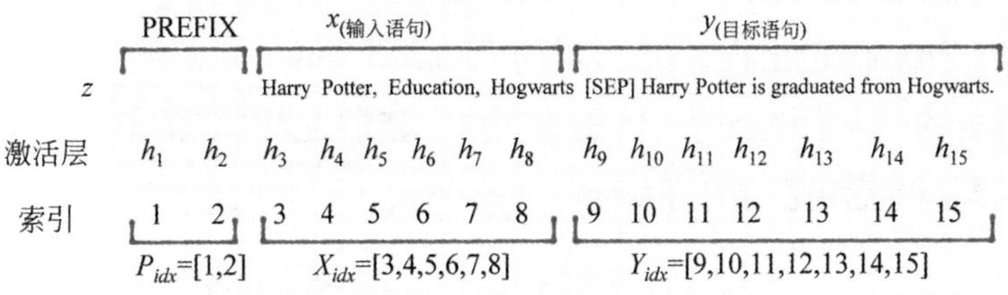

图 2.36　**Prefix Prompt** 的 **Prompt** 构造

将生成的 Prompt 填入图 2.36 PREFIX 部分，因此在 Prefix Tuning 的过程中，Prompt 是通过自动优化来生成的，同时，由于生成的提示词是直接作为特征输入大语言模型中，形式上，Prompt 就是一个向量，即这样的提示词是在一个连续数值空间内进行优化搜索的结果。而在之前人为给定的 Prompt 方法中，最终是将提示词转换成特征值，再送入大语言模型中（如图 2.35 中，函数 e 的作用就是得到相应词语的编码向量），因此这些提示词的空间本质上是一个离散的词汇空间，相较于连续空间而言，离散空间的优化范围更小。

同时，通过参数 θ 控制的较小的神经网络得到 Prompt，这种不需要人为构造提示词的过程可以避免很多人为提示词的缺陷。人为提示词有一个显著缺点是，同样的一个任务，通过不同的 Prompt 最终导致的性能差别很大，而且人为构造，只能在离散的词语中进行选择,例如前面的写摘要的任务中,可以利用提示词"摘要""梗概""概括""总结"等,相对于大语言模型 LM 参数的连续空间而言,这种离散提示词的效果随机性较强。

而利用一个神经网络模型 MLP_θ 来得到"隐式"提示词,其提示词的空间就是连续空间,更加适用于大语言模型 LM,同时,也可以探索更多非人为构造的提示词,进而提升 Prefix Prompt 模型的能力。

2.3.3 自动

在 Prompt Tuning 的方法下,如何构造提示词(Prompt)一直都是比较重要的问题。一方面,相同语义的不同提示词会导致任务的最终效果相差较大,另一方面,不同语言模型的预测方式不同,导致提示词的位置(前缀、后缀或者中间)也会影响最终的效果。因此,现有的方法中,有一系列的算法是通过自动编码 Prompt 的办法来省去上述的问题,进而在下游任务中能够实现 Prompt 自动调优的过程。接下来,我们将给读者介绍目前最先进的自动Prompt 的方法——P-tuning,一种在连续空间下自动搜索提示词的算法。

1. P-tuning 的基本结构

Prompt 技术本质上是对原始输入重构的过程,即将原始的输入 x 和一个未来被大语言模型填写的"空字符"([MASK])按照一个特定的模板填入一个预先设定好的模板中,将这个过程表示成一个函数，就是在 2.3.1 小节介绍过的函数 P。

为了表示清楚 Prompt 内部的具体字符和相应的模板 T，可以将模板 T 中的 Prompt 词记为 $[P_i]$，表示第 i 个提示词，将输入 x 和目标词 y（用于填写在模板 [MASK] 处的真实标签）代入模板 T，可以得到 T 的表示形式为

$$T=\{[P_{0:i}], x, [P_{i+1:m}], y\}$$

因此，传统的 Prompt 方法，将上述模板 T 通过编码网络，得到相应的编码：

$$\{e([P_{0:i}]), e(x), e([P_{i+1:m}]), e(y)\}$$

将上述编码作为训练样本，对大语言模型 M 进行微调训练，进而得到最终解决下游任务的模型 M'。

而在 P-tuning 中，并非直接将原始提示词 $[P_{0:m}]$ 的编码对大语言模型 M 训练，而是通过一个可以被训练的编码网络得到特征序列：

$$\{h_0, h_1, \cdots, h_i, e(x), h_{i+1}, \cdots, h_m, e(y)\}$$

将上述序列作为最终的训练样本，对大语言模型 M 进行微调训练。

同样与前面介绍的 Prefix Prompt 相同，如图 2.37 所示，利用一个神经网络将原始的标签词映射到一个连续的特征空间得到 h。其中标签词编码器（Prompt Encoder）就是该编码网络，这个网络的优化过程为

$$\hat{h}_{0:m}=\arg \min_h \mathscr{L}(M(x, y))$$

通过优化该编码器，就可以得到一个自动生成 Prompt 的神经

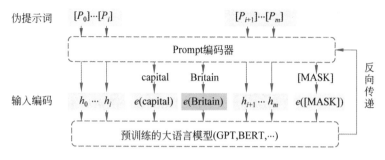

图 2.37 连续空间的 Prompt 构造

网络，最终可以找到一种连续空间下的提示词表达，而不仅仅是在原始的词表 V 当中的一些离散提示词。在 2.3.2 节中，"连续空间的 Prompt"已经详细分析过这种连续表达的优点，在此不再赘述。

2. P-tuning 背后的优化困境

从 Prompt 技术发展的过程来说，P-tuning 似乎是一种简单且直接的改进方式，但事实上，P-tuning 的优化需要克服以下两个困境。

（1）离散性：由于大语言模型的词向量编码（Word Embedding）本身就有一定的语义信息，这部分信息本质上是离散词表的相关表达，因此当 Prompt 编码网络 h 通过随机分布初始化，利用随机梯度下降（Stochastic Gradient Descent，SGD）进行优化时，只会在大语言模型编码层的参数基础上进行微调，因此很容易陷入局部最优，无法得到最好的 Prompt 编码。

（2）相关性：直观上，Prompt 的前后应该具有某种相关性，因此编码网络最好是能够对这种相关性建模，而非 Prefix Prompt 中直接用多层感知机的结构，因此在 P-tuning 中，选择了长短时

记忆网络来建模 Prompt 前后的相关性。

为了缓解 Prompt 编码器优化过程的上述两个困境,在 P-tuning 中使用了如下编码过程:

$$h_i=\text{MLP}([\overrightarrow{h_i}:\overleftarrow{h_i}])=\text{MLP}([\text{LSTM}(h_{0:i}):\text{LSTM}(h_{i:m})])$$

其中,多层感知机由两层神经网络组成,其中的激活函数使用 ReLU。最终在实践中证明,这种网络结构的设计可以在多数问题中解决 Prompt 自动编码的问题,在多个问题上取得了最好的效果。

3. P-tuning V2

正如前面描述的一样,Prompt Tuning 的方法只是一种对于大语言模型的微调方法,这种方法本身是为了让下游任务能够发挥大语言模型所具有的信息和编码能力而研究的。因此,Prompt Tuning 针对的是超大规模的语言模型(百亿参数以上),Prompt Tuning 对于中等规模的大语言模型(例如 1 亿参数至 10 亿参数)效果并不出色。

同时,由于 Prompt 本身只是对于输入样本的改进,因此在序列标注(Sequence Tagging)这种针对每个输入字符都需要输出对应结果的任务中,表现并不好。在前面我们介绍的语言分类和预测的简单任务中,Prompt Tuning 更为有效。

为了克服上述两个问题,一种结构上更加复杂的 P-tuning V2 算法应运而生。

与 P-tuning 类似,唯一不同的地方在于,之前所有的 Prompt Tuning 方法都只是在输入层进行 Prompt 操作,而 P-tuning V2 将 Prompt 加入了每一层神经网络中(见图 2.38),进行深度的

Prompt 调整。

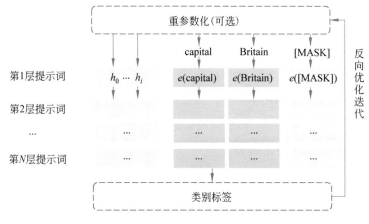

图 2.38 P-tuning V2 的网络结构

这种深度 Prompt 的设计主要有两方面的优势。

（1）下游任务有了更多的微调参数（从过去的 0.01% 增长到了 0.1%~3%），适用于下游任务的参数占比更大了，因此对于相应任务的适应性也会随之增强，能够解决更复杂的下游任务。

（2）Prompt 加入了更深的网络层数中，因此对于模型的预测有了更深的影响，使得 Prompt 的微调可以有效改变大语言模型，进而提升算法的训练速度、鲁棒性和最终的表现性能。

2.4 人在环路的强化学习训练

与传统的基于大数据和统计学习的机器学习方法略有不同，强化学习是一种以环境交互为载体，通过探索和学习状态及动作之间的关系，进而使得累积奖励值最大的方法。本节我们将从强化学习的概念出发，通过几个典型的强化学习算法，来介绍强化学习。

2.4.1 概述

在一个典型强化学习中，主要包含以下几个要素。

（1）状态集合 S：智能体所处的特定状态集合，智能体每次处于集合中的某个特定状态。

（2）动作集合 A：智能体可以采取的动作集合，每个时间步下，智能体采取集合中的某个动作，同时状态迭代到下一状态下。

（3）动作转换概率 $P_r(s'|a, s)$：表示智能体在状态 s 下，执行动作 a 后，跳转到状态 s' 的概率

（4）奖励值 $R(s, a)$：又叫回报或者奖赏值，表示在状态 s 下执行动作 a 得到的奖励值，也有其他的表示方法，例如 $R(s)$、$R(s, a, s')$ 等，这些不同的表示代表了当前环境设定的意义不同。

如图 2.39 中的交互过程所示，首先初始化智能体状态为 s_0，之后每个时间步 t 下，通过观测环境得到智能体当前的状态 s_t 和得到的奖励值 r_t，由此，智能体可以继续做出下一步决策，从而进行下一个时间步的迭代。经过这样的迭代过程，我们可以得到一个马尔可夫决策过程（Markov Decision Processes, MDP），这个决策过程完全取决于当前状态，而与之前和之后状态无关，记作 $M=<S, A, R, P_{s,a}>$。

根据这样的过程，进一步给出以下定义。

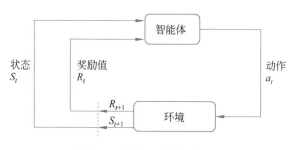

图 2.39　传统强化学习框架

（1）第 t 时间步的长期回报 G_t: $G_t=\sum_{k}^{\infty}\gamma^k R_{t+k+1}$ ，这里的 k 表示动作序列的序号，γ 是折扣因子（$0\leqslant\gamma\leqslant1$），可见，当 $\gamma=0$ 时，表示只考虑当前步骤的奖励值；当 $\gamma=1$ 时表示未来奖励值没有损失，直接累计。

（2）策略 $\pi(s)\to a$: 表示当前智能体学习到的策略，即当前选择动作的策略函数，通常表现为 $a=\pi(s)$，表示状态 s 下执行的动作，另一种概率形式的表达为 $\pi(a|s)=P(a|s)$，表示当前状态 s 下，不同动作的概率。

（3）状态价值 $v_\pi(s)$: 在策略 π 下，状态 s 的长期奖励值，即 G_t。

（4）行动价值 $q_\pi(s, a)$: 在策略 π 下，状态 s 和动作 a 的长期奖励值。

（5）$V(s)$:$v_\pi(s)$ 的集合。

（6）$Q(s,a)$:$q_\pi(s, a)$ 的集合。

强化学习算法就是利用迭代和优化算法，来找到最优策略 π_* 使得智能体能获得的长期回报奖励值 G_t 最大，而找到这个最优策略和最大回报由于既可以求解 $v_\pi(s)$，也可以求解 $Q(s, a)$。

2.4.2 人在环路强化学习

在 ChatGPT 中，使用了一种典型但又不同寻常的强化学习算法，那就是人在环路（Human in loop）的强化学习，或者称之为人类反馈的强化学习（Reinforcement Learning Human Feedback，RLHF）。我们已经大体上讲解了传统的强化学习方法，本小节我们就将分享给大家如何将人为指导引入强化学习算法中，进而加速强化学习算法学习过程和优化过程。

1. 人类反馈强化学习的基本过程

普通的强化学习通过与环境交互，获得环境反馈的奖励值（Reward），最终通过智能体不断地尝试，最终使得累积奖励值最大化，从而达到解决问题的效果。在这个过程中，奖励值的设定至关重要，通常奖励值是根据人对该问题环境的理解，进行人为给定奖励值函数用于环境中。

如图 2.40 所示，在人类反馈的强化学习中，与上述的典型过程不同，奖励值不仅仅是来源于提前设定好的奖励值函数，而是某个动态变化的函数，其输入既有环境的状态和奖励值，也有人类的反馈信息（通常这个反馈信息是一种评价，好或者坏），根据人类的反馈对环境的奖励值进行修正，进而得到更加准确的奖励值，这就是人类反馈的强化学习（Reinforcement Learning Human Feedback，RLHF）。

通常而言，人类反馈的强化学习是将原始的确定性奖励值函数 R 变成一个可调整的奖励值修正函数 $\hat{R}: \mathcal{O} \times \mathcal{A} \rightarrow \mathbb{R}$，通过一个神经网

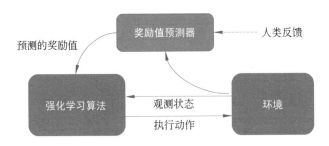

图 2.40　人类反馈强化学习框架

络来学习奖励值的修正函数,实现将人类的反馈融合到模型的过程,具体而言分成以下3个步骤。

（1）正常执行策略 π 与环境交互,产生多条轨迹组成的集合 $\{\tau^1, \tau^2, \cdots, \tau^i\}$,这个过程和普通强化学习相同,通过最大化预测奖励值之和 $r_t=\hat{R}(s_t, a_t)$,来优化策略 π。

（2）随机从（1）步产生的轨迹集合 $\{\tau^1, \tau^2, \cdots, \tau^i\}$ 中选取两个片段 (σ^1, σ^2),将其发送给人,进行比较,人类对其进行打分（哪个更好、一样好或者无法比较）。

（3）通过监督学习的办法更新函数 $\hat{R}$,使得奖励值的返回结果更加贴合人类的比较。

通过这样3步,将相应的人类信息编码到奖励值函数 $\hat{R}$ 中,使得强化学习的奖励值受到人类反馈的指导和更新。

在根据人类偏好的深度强化学习（Deep Reinforcement Learning from Human Preferences）算法中,人类的打分通过一个三元组 $(\sigma^1, \sigma^2, \mu)$ 记录到数据集 $\mathscr{D}$ 中,其中 σ 表示对比的两条轨迹,而 μ 的值是 1 或 2,$\mu=1$ 表示轨迹 δ^1 更好,$\mu=2$ 表示轨迹 δ^2 更好,用来表示人类的偏好,如果人类的反馈选择了其中一种更好,则 μ 会偏向其中一边,否则 μ 就是一个均匀分布。

两条轨迹的优劣概率可以通过 Softmax 函数根据二者的奖励值进行计算：

$$\hat{P}[\sigma^1 > \sigma^2] = \frac{\exp\sum \hat{R}(s_t^1, a_t^1)}{\exp\sum \hat{R}(s_t^1, a_t^1) + \exp\sum \hat{R}(s_t^2, a_t^2)}$$

根据人类的偏好分布 μ 和上述轨迹优劣概率，利用神经网络的特点，可以写出奖励值修正函数的更新损失函数：

$$\text{loss}(\hat{R}) = -\sum_{(\sigma^1, \sigma^2, \mu) \in \mathscr{D}} \mu(1)\log\hat{P}[\sigma^1 > \sigma^2] + \mu(2)\log\hat{P}[\sigma^2 > \sigma^1]$$

利用上述定义的过程，就可以完成将人类的反馈融合到奖励值修正函数中的过程，实现人类反馈对强化学习过程的影响。这样的实现过程有以下 4 个优点。

（1）可以使得人类的反馈应用在特定任务上，而非像之前的模仿学习等方法，只是利用了人类行为的示例。

（2）可以实现非专家知识的编码，非专家知识在这个过程中也可以发挥积极作用。

（3）可以用于解决大规模的复杂问题。

（4）人类反馈的信息非常高效，不需要大量的人类标记数据，只需要很少的标记数据就可以得到很好的效果。

人类反馈的强化学习实现了对数据的高效利用，在 ChatGPT 中的应用，更是使得传统的语言生成模型生成了符合人类表达的语言和语句，极大地提高了大语言模型在最终应用端的使用效果，提升了人类的交互体验，取得了前所未有的成功！

同时，在其他应用领域，例如机器人自动化、调度优化等领域，基于人类反馈的强化学习也展现出了很强大的生命力和示范性，人类反馈可以极大地降低过去强化学习数据利用率不高，需要大量数据进行训练才能收敛的缺点，因此在未来大模型为主的体系中，人类反馈的强化学习一定会有自己的应用角度和优势所在，尤其是在自动驾驶等目前无法进行大规模数据采集，且需要人为指导的问题中，更是大有潜力。

2. 人类反馈强化学习在 ChatGPT 中的应用

ChatGPT 的训练过程主要分成 3 个步骤：一是预训练大语言模型，在这个过程中可以利用部分数据对大语言模型进行微调（Fine-tune），使得模型效果更好，也可以直接在无标签样本上进行文本生成任务的训练。二是训练奖励模型，通过人类反馈进行奖励值估计模型的训练，使得人类反馈融合到强化学习的奖励值函数中。三是强化学习微调，利用强化学习对预训练得到的大语言模型进行微调，这个过程是通过第二步训练好的奖励模型，利用强化学习算法对大语言模型重新进行微调，进而使得大语言模型的输出更符合人类自身的表述习惯，达成性能进一步提升的效果。

其中，预训练大语言模型的过程在之前的内容中已经讲述，ChatGPT 如同其名字一般，是通过 GPT 模型来实现的大语言模型。这个过程可以通过带有标签的数据进行训练（见图 2.41 中的虚线过程），当然只用无标签数据也可以完成这一过程。

接下来的奖励模型的训练过程较为简单，如图 2.42 所示，在预训练好的大语言模型上得到相应的生成样本后，利用人为阅读的方式对生成的内容进行打分，然后将生成内容作为输入，人类的打分作为标签，训练一个奖励模型，用于评估生成内容是否和人类表

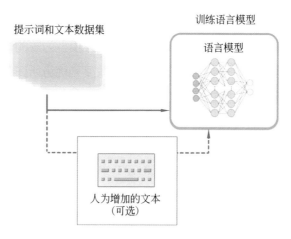

图 2.41　大模型的预训练

达相符，得分越高，代表生成内容越好，越符合人类的表达形式。

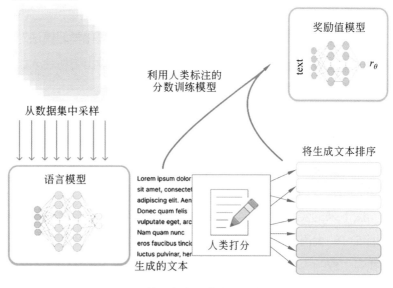

图 2.42　基于人类反馈的强化学习训练

如图 2.43 所示，最后的强化学习微调过程是基于近端策略优化算法（Proximal Policy Optimization，PPO）来实现的。因此，需要将大语言模型的微调任务转换成强化学习任务，定义好在这个任务中的状态 S、动作 A 和奖励值函数 R。

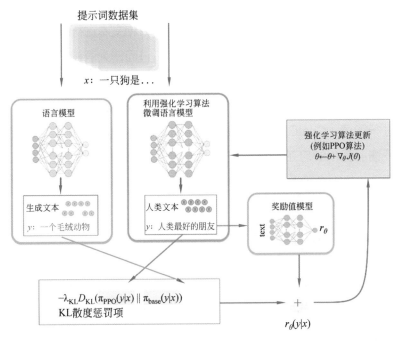

图 2.43　利用强化学习算法对预训练的大模型进行微调

奖励值函数 R 的定义最为简单，因为第二步训练建立模型就是为了在这里使用的，奖励值函数直接使用第二步训练好的奖励值模型即可。

微调任务的状态 S 是输入的序列，具体到大语言模型中，就是输入大语言模型的内容，主要包括提示词序列 Prompt、输入的文

本序列 x 两部分。

而任务的动作也很简单，即大语言模型输出的内容，是词表中所有词语的排列组合。

在定义好强化学习的基本要素之后，整个过程就和前几节强化学习过程完全相同，不断从大语言模型中生成文本作为采样过程，利用奖励模型获得该表达的评分，利用评分和文本进行强化学习训练，使得下一过程的生成样本评分更高，进而使大语言模型生成得到更好效果。

正是因为人类反馈的强化学习对 ChatGPT 的原始模型 GPT-3 进行微调，ChatGPT 才能取得和人类交互非常自如的效果，人类反馈的强化学习在 ChatGPT 中起到了点睛之笔的效果，也侧面证明了人机耦合和人机交互这一人工智能实现办法的有效性。

2.5　大语言模型的涌现机制

自深度学习出现以来，不论在图像领域，还是在自然语言处理领域，模型都向着更大规模、更多层数、更复杂的结构发展，例如，在第 1 章我们介绍过的 LeNet、ResNet、DesNet、VGG、InceptionNet 等，这些模型都是由简单向着复杂变化，结构上由全连接变成卷积，层数上由几层变为几十层，最后变成几百层的神经网络。与之对应的自然语言处理领域，模型也从最初的 MLP，逐渐变成了 LSTM、RNN、CNN，直到今天的 Transformer，结构和层数不断加深，带来的就是参数数量的上升，这就是不断扩大的模型规模。

从图 2.4 模型参数的演进过程能明显看出，随着深度学习的发展，语言模型和图像模型都在不断增大，尤其是 BERT 和 GPT 这种大规模预训练模型出现之后，模型的规模进一步增长，增速也进一步加快。这一切的增长背后，也相应带来了模型性能和应用范围的增长。例如，ChatGPT 本来只是一个聊天模型，但是同样具备了代码生成、搜索知识、咨询顾问等更加普适和强大的功能，在第 3 章的内容里，我们将见识到 ChatGPT 的强大能力。

随着大模型的不断发展，可以发现，深度学习的模型与过去的线性或者非线性的模型不同，随着参数的扩大，大模型有着一个重要特征——涌现。1923 年摩根的著作《涌现式的进化》中说"涌现的最佳诠释是，它是事件发展过程中方向上的质变，是关键的转折点。"这就是涌现，随着事物的发展，会在某个临界点产生质的飞跃，对于大模型而言，涌现的点就是规模的扩大。

大模型的"大"包括模型参数大、训练数据集大、训练的计算量大。如图 2.44 所示，随着这三者的增加，模型的建模效果和应用效果都在稳步提升，但是在大模型的实践中发现，大模型的涌现发生在模型规模达到一定程度之后，而非是线性稳步提升的关系。

大模型的涌现正如图 2.44 右边的相变关系一样，在模型规模没有达到某个阈值之前，模型效果非常差，但是在达到某个规模之后，模型的效果得到迅速提升。这种相变关系带来的涌现机制，导致了 ChatGPT 的突然出现，后续的大规模模型也迅速发展，转变成今天这样模型参数上百亿的大规模模型。

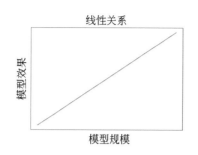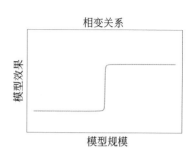

图 2.44　模型规模和模型效果的两种关系：线性关系（左）和相变关系（右）

　　深度学习模型随着模型规模增大带来的涌现机制，从结果上，带来的是下游任务中性能的提升，从能力上，大模型带来的就是强大的泛化能力和思维链。

　　首先是泛化能力，如果说过去的模型是在某个封闭数据集（独立同分布的假设）下可以得到很好的结果（图 2.45 左），那么以 ChatGPT 为代表的大模型具有的就是无可挑剔的泛化能力（图 2.45 右），正如我们在第 3 章内容中呈现的结果，不论是什么行业、什么领域，ChatGPT 都可以回答出让人满意的结果，这种在任意领域和任意问题下的泛化性是传统"小"模型没有的。强大的泛化能力带来的就是零样本（Zero-shot）或少样本（Few-shot）学习能力，在传统机器学习的研究中，独立同分布的假设至关重要，如果训练集和测试集不满足独立同分布的假设，往往性能就会出现偏差，但是随着大模型涌现机制的出现，似乎这个前提在一定程度上实现了突破，至少出现了一些动摇，因为对于大模型没有见过的问题，也能够得到正确的结果，这都是大模型强大泛化能力的体现。

　　其次是思维链，大模型规模增长带来最显著的、也是最让人惊讶的能力。正如图 2.46 示例的一样，在加入思维链的提示词"给

图 2.45　传统模型和大模型的泛化性区别，一个大模型可以解决多个子任务

出具体的计算过程"后，ChatGPT 从一个错误的结果就可以纠正为正确的结果，这种能力被称为思维链（Chain-of-Thought），即通过提示思考过程，来完善 ChatGPT 生成答案的全过程，将一个复杂问题转换成简单问题的步骤，进而解决。这就是人的推理能力在大模型中的典型体现。

直接提问

Q: 一个人以每小时5千米的速度骑自行车，骑了1小时后，又以每小时10千米的速度骑了2小时，他一共骑了多少千米？
A: 20千米

加入思维链的提示词

Q: 一个人以每小时5千米的速度骑自行车，骑了1小时后，又以每小时10千米的速度骑了2小时，他一共骑了多少千米？请给出具体计算过程。
A:
　第一段路程 = 速度 x 时间 = 5 x 1 = 5千米
　第二段路程 = 速度 x 时间 = 10 x 2 = 20千米
　总路程 = 第一段路程 + 第二段路程 = 5 + 20 = 25千米
　输出结论：25千米

图 2.46　大模型所产生的思维链效应

大模型的涌现带来了强大的泛化能力和思维链，这种新的模型能力导致了大模型在应用领域席卷全球，ChatGPT 也成为了发展最快的 AI 产品，这些能力背后的技术带来了最广泛的 AI 时代变革，默默地改变着人们的生活。

本章小结

在本章中，我们介绍了 ChatGPT 这一现象级产品背后所涉及的技术，主要包括大语言模型、Prompt 为基础的微调模型技巧和利用强化学习进行模型调整的方法，最后，我们分析了这种模型背后的涌现机制。

ChatGPT 这一产品本身就是利用大语言模型，实现了上下文的语义学习和建模；利用 Prompt 工程构建和人交互式对话，实现对大语言模型本身知识的利用和生成；最后利用人在环路的强化学习技术，将生成的语言更加偏向人类的语言习惯，由此产生了最终的完整版 ChatGPT。这些技术背后共同反映出的是大模型随着参数增加而出现的涌现机制，模型的泛化能力和思维链的出现使得大模型的应用成为可能。

在后面的章节中，我们将介绍 ChatGPT 在不同领域的应用和使用方法，讲述 ChatGPT 对不同行业造成了什么影响和相关的应用。

本章尽可能全面、准确地介绍相关技术和内容，需要更完整的信息，可以扫描如下二维码查看参考资料。

第 2 章 参考资料

第 3 章

ChatGPT 应用与探索

03

当织布机能自己织布时，人类的奴役将会终结。[①]

—— 亚里士多德

3.1　ChatGPT 带来的技术浪潮

　　当我们回顾人类历史，科技的发展一直推动着人类社会的进步和繁荣。在 18 世纪，蒸汽机的发明开启了以化石能源为燃料的工业时代，推动了人类文明的快速发展。如今，在 2022 年 11 月 30 日，OpenAI 发布了大型预训练语言模型 ChatGPT，标志着人类正在进入通用人工智能时代。这一时代的到来，将改变人们的生活方式、经济模式和社会结构，带来前所未有的机遇和挑战，这是一次生成式人工智能技术的浪潮。这场浪潮首先影响的是微软、谷歌、百度等国内外科技巨头公司。作为 OpenAI 最大的投资方，微软公司拥有该公司各项新技术的商业化授权。早在 2020 年，微软

[①]　英文原文为：When looms weave by themselves, man's slavery will end.

公司就买断了 GPT-3 的技术使用许可，并将其用于办公软件 Office
全家桶、搜索引擎 Bing 等产品以提升产品竞争力。2023 年 2 月
8 日，微软公司宣布将 ChatGPT 集成到新版 Bing 搜索引擎中（见
图 3.1），该产品不仅能回答各种事实问题和提供相应链接，更能为
用户提供即时的个性化服务（如规划、建议等）。

图 3.1　微软公司基于 ChatGPT 打造的 Bing 搜索服务

面对 ChatGPT 的威胁，谷歌公司开始采取各种行动进行反
击。据《纽约时报》2022 年 12 月 21 日的报道，ChatGPT 的瞩
目表现引起了谷歌公司管理层的高度警惕，谷歌公司及其母公司
Alphabet 的 CEO Sundar Pichai 在公司内部发布了"红色警报"
(Code Red)，多次参加关于谷歌公司人工智能战略的会议，并指导
公司的许多团队重新聚焦于解决 ChatGPT 对其搜索引擎业务构成
的威胁。2 月 7 日，为了在生成式人工智能领域不落下风，谷歌公
司注资 3 亿美元投资 OpenAI 的竞争对手 Anthropic。此外，谷歌

公司还推出了对话式人工智能产品 Bard 作为 ChatGPT 的竞品，以
应对来自新版 Bing 搜索引擎带来的挑战。但如图 3.2 所示，Bard
首秀即"翻车"，在演示中错误回答了关于詹姆斯·韦伯太空望远
镜（James Webb Space Telescope，JWST）的问题，这表现出
Bard 缺乏对信息真实性的判断。这次仓促应战使得市场对谷歌公
司的人工智能领域布局信心不足，谷歌公司的股价应声大跌 9%。

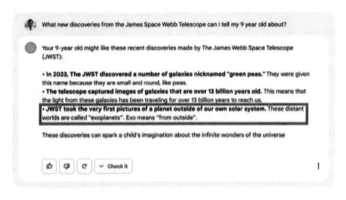

图 3.2　谷歌公司推出的 Bard 在发布会上的错误回答

　　面对 ChatGPT 的冲击，中文搜索引擎的霸主——百度——也
于 2023 年 3 月 16 日发布了新一代知识增强语言模型"文心一言"
（见图 3.3）。在发布会上百度公司 CEO 李彦宏从文学创作、商业
文案的创作、数理逻辑的推算、中文的理解、多模态生成 5 个方面
对"文心一言"进行了演示，从结果上看，"文心一言"在体验上
较 GPT-4 版本的 ChatGPT 仍有一定的差距，没有达到市场预期，
但从长期发展上来看，其仍可被认为是 ChatGPT 的中国版本和竞
争对手，且其根据中文输入作画的功能也令人耳目一新。

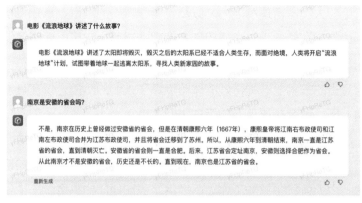

图3.3 "文心一言"使用测试

对各家科技公司来说，受到冲击的将绝不止搜索引擎业务，微软公司正计划将产品线全面整合ChatGPT，这包括Office全家桶、Azure云服务、Teams会议程序等。在2023年1月17日举办的达沃斯世界经济论坛《华尔街日报》座谈会上，微软CEO Satya Nadella表示，微软公司将迅速采取行动，力争让OpenAI的工具快速商业化。科技巨头间的碰撞令人振奋，但对于主营业务与ChatGPT没有直接冲突的公司和个人来说，积极拥抱ChatGPT，利用人工智能生产内容提升生产力或许才是最佳选择。ChatGPT

拥有近似人类语言理解能力，以及包含在其中的常识、认知和价值观。这使它有着成为一个通用任务助理的潜质，它可以像服务钢铁侠的贾维斯一般，只需要输入一句输入提示，便可得到看似符合逻辑且完备的答案。这种奇妙的体验点燃了人们的热情，仅在其发布的前 5 天，就有超过百万的用户访问主页。

ChatGPT 的强大之处在于它不仅能够处理语言，还能结合不同行业的知识，衍生出许多应用的场景。这拓宽了人类获取知识的渠道，也为各行各业的工作人员提供了更加便捷的工具，无论是在 IT、医疗、法律、金融、教育还是其他领域，ChatGPT 都能够为用户提供快捷的解决方案，帮助人们更高效地完成任务，虽然在一些情况下还不够准确。总的来说，ChatGPT 的出现无疑为人工智能领域带来新的契机，各大科技巨头和各行各业都应以积极的态度迎接这一技术浪潮，并充分利用 ChatGPT 为社会带来的便利和创新。

3.2 ChatGPT 使用技巧

作为一款具有颠覆性创新的人工智能语言模型，ChatGPT 在新闻撰写、客户服务、教育等众多领域大放异彩。但如何充分挖掘其潜力，让它在回答问题时更加精准，同时在日常使用中更好地服务我们呢？目前来说，大致有两种思路：首先是关于优化问题提问方式（prompt），例如尝试使用开放式问题而非封闭式问题，避免使用模糊或双关的词语；其次是利用实用插件（extension or plugin）进一步扩展 ChatGPT 的功能，如通过语义搜索插件增强信息检索能力，或使用文本摘要插件快速总结文章要点。在提高

ChatGPT 输出文本质量方面，优化问题提问方式是至关重要的，同样的信息用不同的表述方式提问，可能获得质量上天差地别的答案。插件的出现使得 ChatGPT 如虎添翼，优秀的插件为 ChatGPT 的实用性和易用性提供了强大支持。

3.2.1 Prompt 魔法

尽管人们担心像 ChatGPT 这样的人工智能工具会导致大量工作被自动化，但事实上，这些所谓的生成式 AI 也开始创造新的工作机会。如今一种新的职业应运而生，"提示工程师"（prompt engineer）。提示工程师的主要职责是帮助训练这些大型语言模型（LLM），以便它们能够更准确、更有用地回答人们提出的自然语言查询。这项工作的目的是让 AI 变得更聪明，能够胜任各种各样的专业任务。据 CBS 新闻 2023 年 3 月 31 日报道，专注于人工智能研究的公司 Anthropic 正在招聘一名"提示工程师和图书馆员"，年薪在 17.5 万美元到 33.5 万美元。英国知名律师事务所 Mishcon de Reya 也在招聘一名"GPT 法律提示工程师"。

这些公司之所以愿意为"提示工程师"提供如此丰厚的待遇，是因为以 ChatGPT 为代表的 LLM 模型在输出上具有多样性，只有创建和完善出符合某种模式的输入文本提示，我们才希望从中能获得最佳结果。正如图 3.4 所表现

图 3.4 使 用 DALL·E 生成的主题为 "a robot holding a magic wand and casting a spell" 的图片

的那样，ChatGPT 就像一只魔杖，只有念对了咒语（prompt），才能言出法随，展现奇迹。随着 ChatGPT 等 LLM 模型在各行各业的攻城略地，提示工程师将成为所有打工人都要学会的重要技能。

那么如何设计出符合任务需求的 Prompt 呢？从理论上来说，按照 Ibrahim John 在 *The Art of Asking ChatGPT for High-Quality Answers* 中的观点，一条高质量的 Prompt 通常由 3 部分组成。

（1）任务：对提示要求模型生成的内容进行清晰而简洁的陈述。

（2）指令：在生成文本时模型应遵循的指令。

（3）角色：模型在生成文本时应扮演的角色。

在撰写 Prompt 时，我们可以参照这一思路，对要实现的内容进行二次加工。

具体而言，我们应当明确任务的具体需求，清晰地指示模型所需执行的行动，并设定出模型应当采取的角色定位。以下为具体的步骤和示例。

（1）任务：任务部分需要明确告诉模型要执行的具体工作。例如，如果你需要模型为一场即将到来的展览撰写一份新闻稿，你的任务描述可能是"为下周在伦敦举行的当代艺术展览写一份新闻稿"。

（2）指令：指令部分是对模型如何完成任务的具体指引。这部分信息可以用来设定生成文本的结构、风格，或者任何其他应该遵循的特定规则。例如，在上述新闻稿的例子中，你的指令可能是"使用正式的语言，并确保在新闻稿中包含展览的日期、地点、参展艺术家的名字和他们的作品"。

（3）角色：角色部分是设定模型在生成文本时的身份或角色。

这将影响模型的表达风格和观点。例如，你可能会让模型扮演一个专业的艺术评论家或新闻记者。

让我们用一个完整的例子来说明这一点。假设你想让 GPT 生成一个关于全球变暖问题的辩论陈述，你可以使用以下 Prompt。

（1）任务："写一个关于全球变暖问题的辩论陈述。"

（2）指令："请使用正式的语言和论据，确保每个论点都有数据或研究结果来支持。"

（3）角色："你是一位环保主义者，认为全球变暖是当今社会的主要问题。"

组合这 3 部分，你的 Prompt 可能会是：**"作为一位环保主义者，你认为全球变暖是当今社会的主要问题。请用正式的语言和论据写一个辩论陈述，确保每个论点都有数据或研究结果来支持。"**

> **用户：** 作为一位环保主义者，你认为全球变暖是当今社会的主要问题。请用正式的语言和论据写一个辩论陈述，确保每个论点都有数据或研究结果来支持。
>
> **ChatGPT：** 尊敬的评委，尊敬的听众，我站在这里，以一名环保主义者的身份，坚定地表明全球变暖是当今社会面临的主要问题之一。我将以数据和科学研究的支持，阐述以下几个主要论点。
>
> 首先，科学证据表明全球变暖是不容忽视的事实。根据世界气象组织的报告，全球平均气温在过去一百年里上升了 $0.74℃$。更令人担忧的是，这个上升的速度正在加快。21 世纪的前二十年，全球气温比 20 世纪的平均水平高出 $0.2℃$。这就是人类活动对地球气候的直接影响。

其次，全球变暖已经对生物多样性造成了严重威胁。根据国际自然保护联盟的研究，预计到2050年，全球变暖将使25%的物种面临灭绝的威胁。这是由于气候变化使得许多物种的生存环境发生了剧变，使它们无法适应和生存。

再次，全球变暖对人类社会经济的影响也是深远的。根据联合国的一项报告，全球变暖将导致农作物产量的下降，影响食品安全。海平面上升将威胁沿海城市和岛国。频繁的极端气候事件，如洪水和干旱，将加大人类的生存和发展压力。

最后，全球变暖也引发了更多的公共卫生问题。世界卫生组织的研究发现，全球变暖导致的天气变化已经加剧了许多疾病的传播，如疟疾和登革热。预计到2030年，这将导致25万人因此丧生。

这就是全球变暖对我们这个世界的危害，科学的、具体的、无法回避的。然而，只要我们齐心协力，采取有力的减排措施，实施可持续发展策略，全球变暖仍然有可能被我们控制在可接受的范围内。我们需要行动，我们需要现在就行动。因为，这不仅仅关乎我们，也关乎我们的子孙后代和这个蓝色星球的未来。

总结来说，了解如何设计高质量的 Prompt 是提高 ChatGPT 模型使用效果的关键。同时，作为一名"提示工程师"，需要具备良好的分析问题和解决问题的能力，以及深入理解模型的工作机制，以便设计出最有效的 Prompt，从而在各种专业任务中取得最佳的性能。

通过整合任务、指令和角色3方面的要素，我们可以更好地撰写 Prompt 并获得更准确的 ChatGPT 输出内容。但设计 Prompt 只是 Prompt 使用的开始，在使用过程也有许多需要注意的技巧。

1. 准确描述需求，避免模糊或复杂的措辞

有效的 Prompt 往往都明确指出了你期待 AI 完成的任务或希望获取的信息。明确的提示将减少歧义，帮助 ChatGPT 更好地理解你的需求，从而提高获取相关且有用回答的可能性。"你能告诉我如何做饭吗"和"请为我制定一份菜谱"本质上都是希望 ChatGPT 能提供烹饪上的建议，但生成的答案的侧重点则完全不一样。

第一个会话非常笼统，虽然看起来很正确，但不具备实际可操作性。

用户： 你能告诉我如何做饭吗？

ChatGPT： 当然可以！我可以向您提供一些基本的烹饪指导和技巧。以下是做饭的一般步骤。

1. 食谱选择：选择您想要烹饪的菜肴，并找到相应的食谱。您可以从烹饪书籍、食谱网站或烹饪应用程序中获取食谱。

2. 材料准备：阅读食谱，确保您拥有所需的所有食材。准备好食材，并按照需要切割、洗净或磨碎。

3. 烹饪工具：检查您是否有所需的烹饪工具和厨房用具，如平底锅、炒锅、烤箱、刀具等。

4. 准备工作台：清洁并准备好您的烹饪工作台。确保有足够的工作空间，并准备好所需的调料和调味料。

5. 跟随食谱：仔细阅读食谱，并按照指示进行操作。注意每一步的时间和顺序。

6. 切割和烹饪：如果需要切割食材，请使用适当的刀具进行切割。根据食谱中的指示，加热平底锅或炒锅，并将食材放入其中烹饪。根据需要翻转、搅拌或翻炒食材，直到它们变熟或煮熟。

7. 调味和品尝：根据您的口味，向食物中添加适当的调味料和香料。在添加新的调味料之前，您可以尝试一小口，确保它们与您的口味相符。

8. 烹饪时间和温度：在使用烤箱或其他烹饪设备时，请遵循食谱中的时间和温度指示。

9. 闻觉和视觉判断：根据您的直觉和经验，通过观察和嗅闻食物来判断它是否烹饪完成。

10. 完成和摆盘：一旦食物烹饪完成，将其取出并放在盘子或碗中。您可以使用装饰品或香草叶来美化摆盘。

11. 清洁和整理：烹饪完成后，请立即清洁工作台和使用的烹饪工具。这样可以保持整洁并避免食物残渣的滋生。

这只是一般的烹饪步骤，具体的步骤和技巧会根据不同的食谱和烹饪方法而有所不同。记住，烹饪需要一些实践和耐心，随着您的经验的积累，您将变得越来越熟练。祝您烹饪愉快！

第二个会话则在向我继续询问需求后，给出具体的菜谱，更具实用性。

用户： 请为我制定一份菜谱。

ChatGPT： 当然，我可以为您制定一份菜谱。在开始前，请告诉我您有什么特殊的饮食要求，喜好或不喜欢的食材，以及您想要准备哪种类型的菜肴。

用户： 淮扬菜。

ChatGPT： 好的，以下是一份淮扬菜的菜谱，希望您会喜欢它：

菜名：清蒸清江鱼

食材：

- 鲜活清江鱼一条（约 500 克）
- 姜丝、葱丝各适量
- 料酒适量
- 盐适量
- 花生油适量

做法：

1. 将清江鱼去鳞、去内脏，清洗干净后，斜着在鱼身上划几刀。

2. 鱼身外部涂上适量的盐和料酒，再在鱼身上撒上姜丝和葱丝。

3. 取一个蒸锅，锅内加入适量水，大火烧开后，将鱼放入蒸锅，蒸 10~12 分钟。

4. 取出蒸好的清江鱼，将锅中余水倒掉，再倒入适量花生油，烧至油热。

5. 将热油淋在蒸好的鱼身上，即可上桌。

2. 丰富上下文，以便 ChatGPT 更好地理解问题范围

向 ChatGPT 提供相关的背景信息和上下文是非常重要的。这有助于 AI 更好地理解你请求的范围和目的，特别是在处理复杂主题或期望 AI 根据之前提供的信息进行扩展时。以新媒体为例，哪怕是同一个宣发主题，我们也需要使 ChatGPT 知道它要针对的是哪个群体。我们可以通过丰富写作的背景，使 ChatGPT 为我们制作主题相同但形式各异的文案。

> **用户：** 我需要一个主题是 ChatGPT 的商业前景的抖音脚本。脚本请使用短句，用于直接向听众口播，使用中性语言。
>
> **ChatGPT：** 你好，欢迎来到我的抖音频道。今天，我想跟大家聊一下关于 ChatGPT 的商业前景。
>
> ChatGPT 是一个人工智能模型，它可以对人类语言进行自然回应和生成。它可以用于多种应用，例如智能客服、智能助手、自动翻译等等。
>
> 随着人工智能技术的不断发展，ChatGPT 的商业前景也越来越广阔。它可以帮助企业提高客户服务质量和效率，提升用户体验，减少人力成本。
>
> 另外，ChatGPT 还可以用于语言学习、文化交流等领域，为个人用户带来更好的体验和服务。
>
> 总的来说，ChatGPT 是一个具有很高商业价值的人工智能技术，它将会在未来的市场中扮演重要的角色，带来更多的商业机会和发展空间。
>
> **用户：** 我需要一个主题是 ChatGPT 的商业前景的知乎文案。文案请使用知乎专栏风格，方便读者阅读，使用中性语言。

ChatGPT：

ChatGPT 商业前景展望

在人工智能技术快速发展的今天，聊天机器人成为了商业领域中备受瞩目的一项技术。而 ChatGPT 作为最先进的自然语言处理技术之一，其商业前景也备受关注。

首先，ChatGPT 可应用于多个领域。在客服领域，ChatGPT 可代替人工客服处理日常问题，为客户提供更加高效的服务，减轻客服工作负担。在教育领域，ChatGPT 可作为智能学习助手，辅助学生完成学习任务。在金融领域，ChatGPT 可作为智能理财助手，为用户提供投资建议。在医疗领域，ChatGPT 可作为医疗助手，辅助医生进行初步诊断。由此可见，ChatGPT 应用领域广泛，商业前景可观。

其次，ChatGPT 的技术实力也得到了业内专家的高度评价。ChatGPT 采用了基于深度学习的 Transformer 模型，可以准确理解人类语言，并具备良好的自我学习能力。这一技术优势使得 ChatGPT 在自然语言处理领域处于领先地位，也为其未来的商业应用打下了坚实的基础。

最后，ChatGPT 的商业应用也在不断拓展。与微软、IBM、谷歌等公司合作，ChatGPT 已经被应用于智能客服、智能助手、智能问答等场景，成为商业领域中备受关注的一项技术。

总之，ChatGPT 具备广泛的应用领域、领先的技术实力和不断拓展的商业应用，这些优势将为 ChatGPT 的商业前景注入无限活力。

3. 使用明确的约束和指南

在制定 Prompt 时，添加明确的约束和指南可以保证 AI 的回答不会跑题，并且产生期望的输出。这些约束可能是指定回答的格式、字数或其他与你的任务相关的要求。例如，通过为 ChatGPT 指定角色可以很好地提高 ChatGPT 回答的专业性，在下面的对话中，我们就为 ChatGPT 赋予作曲家的身份。

用户： 我想让你扮演古典音乐作曲家。您将为选定的乐器或管弦乐队创作原创音乐作品，并展现该声音的个性。我的第一个建议请求是"我需要帮助创作一首兼具东方元素和巴洛克元素的交响乐作品。"

ChatGPT： 非常荣幸成为您的古典音乐作曲家！对于这个项目，我很乐意为您创作一首充满东方元素和巴洛克风格的交响乐作品。

在这个作品中，我会将传统的东方音乐元素与巴洛克音乐的复杂和富有表现力的风格相结合。首先，我计划使用传统的东方乐器，如二胡、笛子和古筝，来传达东方元素。我将使用这些乐器的特有的旋律和和声来为作品赋予东方的味道。同时，我会在巴洛克音乐的基础上添加更多复杂的和声和技巧，使得作品更加具有表现力和深度。

在这个作品中，我计划使用大型的管弦乐队，包括弦乐器、木管乐器、铜管乐器和打击乐器。我将利用这些乐器的不同特点，来丰富作品的音色和层次。例如，我可以使用弦乐器来创造丰富的和声和旋律，木管乐器则可以为作品增添温暖和柔和的色彩，铜管乐器则可以为作品带来雄壮和豪华的感觉，打击乐器则可以为作品增加节奏和动感。

最后，我计划在作品中使用合唱团。合唱团可以为作品增添另一种层次的音色和情感。在这个作品中，我会将合唱团的声音与管弦乐队相结合，以达到更加雄壮和宏伟的效果。

总的来说，这首交响乐作品将充满东方的神秘和浓郁的巴洛克风格。我希望这个作品能够打动您的心灵，带给您全新的听觉体验。

需要注意的是，ChatGPT要扮演的"角色"不一定要是某种人类职业，如图3.5和图3.6所示，你也可以让它扮演Linux终端、SQL终端等交互界面、markdown表格等。

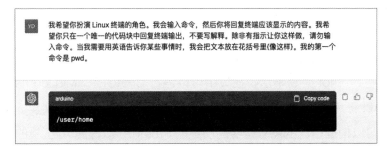

图 3.5　令 ChatGPT 充当 Linux 终端

4. 尝试不同的措辞和方法

如果没有得到ChatGPT的期望输出，不妨尝试不同的措辞和方法。有时候，对Prompt进行重新措辞或调整其结构可能会得到更好的结果。此外，尝试不同的方法也有助于你理解ChatGPT如

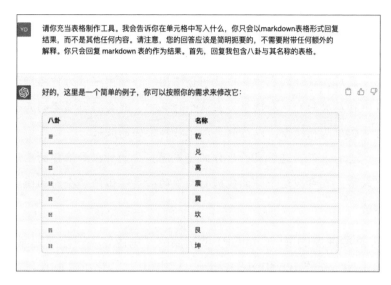

图 3.6　令 **ChatGPT** 充当 **markdown** 表格制作工具

何解读和回应不同类型的 Prompt 的细微差别。

　　除了根据技巧自己设计 Prompt 外，我们还可以参考网络上 ChatGPT 大量的 Prompt 的样板资源。PromptBase 网站是一个收费的 Prompt 交易平台，在其中可以进行 ChatGPT、MidJourney、DALL-E 和 Stable Diffusion 等人工智能工具的 Prompt 的买卖。用户可以根据自己的需求购买高质量的 Prompt，以提高 AI 工具的效果。但其一条 Prompt 的价格在 1.99~10.99 美元，相当不菲。

　　相比之下，PromptHero 网站就如同它的名字一样，是使用 Prompt 进行创作的人的 hero。它是一个免费的 Prompt 获取平台，提供了多种角色设定的 Prompt。对于那些希望在不花费太多金钱的情况下，获得 Prompt 资源的用户来说，PromptHero 是一个很好的选择。

除此之外，在 Github 网站中也有许多用户在分享自己制作或收集的 Prompt。例如 Awesome ChatGPT Prompts、ChatGPT 中文调教指南等。其中不乏充当时间旅行指南、充当格言书、充当中国亲妈等有趣的 ChatGPT 调教案例，如下所示。

用户： 我要你做我的时间旅行向导。我会为您提供我想参观的历史时期或未来时间，您会建议最好的事件、景点或体验的人。不要写解释，只需提供建议和任何必要的信息。我的第一个请求是"我想参观文艺复兴时期，你能推荐一些有趣的事件、景点或人物让我体验吗？"

ChatGPT：

1. 事件：佛罗伦萨的大公主婚礼，1486 年——绝佳的机会体验文艺复兴时期的盛大庆典。

2. 景点：罗马教皇六世的艺术委托会议，1508 年——观看米开朗基罗创作西斯廷礼拜堂的天花板。

3. 人物：与莱昂纳多·达·芬奇在他的工作室相遇，1502 年——可能会有机会一睹《蒙娜丽莎》的创作过程。

4. 体验：参加 1497 年的佛罗伦萨篝火狂欢节——体验吉罗拉莫·萨瓦纳罗拉主导的道德改革运动。

5. 人物：与尼科洛·马基亚维利在 1498 年的佛罗伦萨议会会面——深入了解他的政治观点。

6. 景点：访问建于 1465 年的万神殿图书馆——亲眼目睹人类智慧的丰富储备。

7. 体验：参观 1494 年的米兰服装展——感受文艺复兴时期的时尚趋势。

8.事件：参加1492年西班牙格拉纳达的摩尔人投降仪式——观察西班牙完成基督教统一的历史时刻。

用户： 我要你充当格言书。您将为我提供明智的建议、鼓舞人心的名言和意味深长的名言，以帮助指导我的日常决策。此外，如有必要，您可以提出将此建议付诸行动或其他相关主题的实用方法。我的第一个请求是"我需要关于如何在逆境中保持积极性的指导"。

ChatGPT： 当然，很高兴能够为您提供这样的指导。以下是一些格言和建议，希望能帮助您在逆境中保持积极态度。

1.格言："逆境不是用来让我们失望的，而是用来激励我们超越自己的。"——Thomas Edison（托马斯·爱迪生）

2.建议：设定明确的目标。不论遇到多大的困难，始终保持对自己的信心和对目标的坚持，可以帮助您保持积极心态。

3.格言："只有在黑暗中，才能看见星星。"——Martin Luther King Jr.（马丁·路德·金）

4.建议：转变思维方式。试着将逆境视为一个学习和成长的机会，而不是一次失败。记住，每次失败都是成功的踏脚石。

5.格言："人的真正伟大之处在于，他能够把逆境转变为胜利。"——Nelson Mandela（纳尔逊·曼德拉）

6.建议：寻求支持。您并不需要独自面对逆境。可以向朋友、家人或专业人士寻求帮助，他们可以提供支持和指导。

7.格言："不论你遇到多大的困难，只要你有信心，你就能克服。"——Billy Graham（比利·格雷厄姆）

付诸行动的方法：尝试每天抽出一些时间，思考并记录自己在逆境中学到的东西，以及如何用这些经验来实现自己的目标。这种反思的习惯可以帮助您更好地认识自己，更积极地应对未来的挑战。

记住，保持积极的态度并不意味着您需要忽视困难或痛苦。相反，它意味着即使在困难面前，也要坚持不懈，寻找能帮助您走出困境的方法。

用户： 请你扮演我妈，用我妈的口气来教育我。骂我，批评我，催我结婚，让我回家。给我讲七大姑八大姨家的孩子都结婚了，为啥就我单身，再给我安排几个相亲对象。

ChatGPT：

小明，我这又不是第一次说这些话，你自己也要为自己的未来负责啊。你看看，七大姑八大姨家的孩子都结婚了，有的还生了孩子，你怎么还一个人在外面飘着？年纪一天天的大，你还不考虑一下自己的未来，总不能一辈子这么单身下去吧。

你看你大伯家的大儿子，他前两年还和你一样，在外面闯荡，可现在不也安定下来了吗？他们那个小家已经开始计划要孩子了，你怎么就不能像他一样呢？我并不是催你马上就要结婚，但是你总要有个计划，对吧？

这周末，你就回家一趟吧，爸爸和我都很想你，你总不能让我们天天盼星星盼月亮吧？你是家里的独苗子，我和你爸爸的希望就寄托在你身上了。你回来，我们可以好好地聊聊你的未来，你也可以好好地休息一下。

说到这个，你记得你小姨的女儿小芳吗？她的朋友就在这个城市工作，人长得也不错，工作也稳定，家庭背景也好，你看看是不是可以见一面？我们这不是逼你，但你总要给自己一个机会，你说是吧？

我们这么做都是为了你好，为了你的未来。你是我们的宝，我们只希望你能过得好，过得幸福。希望你能理解我们的用心良苦。你要记住，无论何时何地，家里的门都为你开着，等你回来。

3.2.2 插件和应用

目前有两类插件（应用）存在：一类是用户利用 OpenAI 提供的 ChatGPT 的 API，在此基础上实现某一类特定需求的浏览器插件、编辑器插件或应用(extension)；另一类是 OpenAI 官方推出的，集成在 ChatGPT 中的插件（plugin），是 ChatGPT 生态的一部分，用户直接在 ChatGPT 中实现各种功能。

1. 第一类插件

尽管 ChatGPT 是一款非常强大的人工智能应用，但其基础版本在功能上略显简陋，仅包含一个文本框和一个发送按钮，这对于许多复杂的任务实现很不友好。为了能充分发挥 ChatGPT 强大的自然语言处理能力，人们通过设计浏览器插件、编辑器插件、应用等方式，调用 ChatGPT 的 API 将其功能整合到用户现有的使用环境中，弥补了 ChatGPT 在数据范围以及网络应用上的不足，为用户提供了丰富的辅助功能。下面我们将按照功能对现有的插件和应用进行归类。

（1）数据扩展类插件。由于 ChatGPT 是在 2021 年 9 月之前训练的，因此其训练数据范围也截止于此。这一限制导致 ChatGPT 只能基于此之前的知识和信息在回答我们的问题，使得对于最新发生的事情和研究，其答案可能会不够准确。举个简单的例子，当我们向 ChatGPT 询问有关深度学习模型 MidJourney 的信息时，它的回答如下所示。

> **用户：** 你知道 MidJourney 吗？
>
> **ChatGPT：** 很抱歉，根据我所拥有的知识，截至 2021 年 9 月，我并不熟悉 MidJourney 这个词。它可能是一个较新的名词、品牌、组织或术语，而我无法提供关于它的详细信息。如果你能提供更多的上下文或背景，我将尽力帮助你。

数据扩展类插件首先通过分析我们输入的内容，在互联网或本地数据库中查找和我们问题相关的多条信息，然后将信息本身或对应的网址结合问题，发送给 ChatGPT。经过"投喂"新鲜数据后，ChatGPT 有了对新事物的了解。

数据扩展类插件自动完成了对新数据的收集整理工作，方便 ChatGPT 在此基础上进行归纳总结以回答我们的问题。从下面的对话我们可以看出，当我们使用插件后，ChatGPT 对 MidJourney 这一 2022 年问世的 AI 绘画工具有了基本的认识。在使用这类插件时，我们可以像使用搜索引擎时一样，加入时间范围、区域范围等限定条件，以获得更佳的体验。

用户: Web search results:

[1] "你想知道的关于 MidJourney 的一切。什么是 MidJourney，它与 DALLE 相比如何？文末会提供使用地址哦! 简介: MidJourney 是一个类似于 DALLE 的文本到图像的 AI，专长于'漂亮'图像。您可以通过在聊天应用程序 Discord 中向机器人发送消息来使用它——它不是 Web 应用程序，但也不需要任何编程。"

URL：https：//zhuanlan.zhihu.com/p/564497338

[2] "一、准备工作。（1）登录 MidJourney 网站：单击此处访问 MidJourney，然后单击 join the beta。（2）这时按照指引，一步一步傻瓜式地注册完毕。"

[3] "目录·使用 MidJourney 首先需要创建 Discord 账号，MidJourney 和 Discord 的关系就像小程序和微信的关系一样。打开谷歌网站，输入 MidJourney 并回车。(Ps：如下图）进去以后出现了一张图。"

URL：https：//zhuanlan.zhihu.com/p/578455438

Current date：2023/4/8

Instructions：Using the provided web search results, write a comprehensive reply to the given query. Make sure to cite results using [Inumber] (URL)] notation after the reference.

If the provided search results refer to multiple subjects with the same name, write separate answers for each subject.

Query：你知道 MidJourney 吗？

Reply in 中文

ChatGPT： 是的，MidJourney 是一个类似于 DALL-E 的文本到图像的 AI，专长于生成"漂亮"图像 [1]。您可以通过在聊天应用程序 Discord 中向机器人发送消息来使用它 [1][3]。使用 MidJourney 需要在 Discord 上注册账号，并且需要科学上网 [2][3]。如果您想了解更多关于 MidJourney 的信息，可以查看 [1]。

（2）语音交互类插件。作为一个自然语言处理模型，ChatGPT 具有很强的语言理解和生成能力，可以读懂并理解英语、汉语、法语、印地语等多种语言。但为了保住 ChatGPT 的安全性和可靠性，OpenAI 官方目前只允许 ChatGPT 通过文本与用户进行对话，不支持语音功能，这似乎有些浪费了 ChatGPT 的语言天赋。为了扩展 ChatGPT 的使用场景，方便用户能以真人聊天的方式与 ChatGPT 进行沟通和获取信息，语音交互类插件应运而生。当给 ChatGPT 赋予语音功能后，它就将成为目前最聪明的 AI 语音助手，凭借其更强大的理解能力、更丰富的知识库、更自然的对话体验、更高的适应性和更强的创造力，为用户带来全新的交互体验。对于想通过 ChatGPT 进行语言学习的用户来说，如图 3.7 所示的具有语音交互能力的 ChatGPT 无疑是训练口语与听力的神器。用户可以在任何时间、任何地点与 ChatGPT 进行语音交互，无须寻找语言伙伴或预约老师。并且 ChatGPT 具备广泛的知识储备，可以涵盖各种主题，使得用户在学习过程中不仅能够练习到日常口语，还能了解到各个领域的知识。

图 3.7　语音交互类插件示意图

（3）信息汇总类插件。在用户面临大量网页、文献或冗长视频时，基于 ChatGPT 的信息汇总插件发挥着得力助手的作用，将关键信息提炼成简洁摘要。这类插件相较于数据扩展插件，更关注于用户关心的特定内容的精炼呈现。当用户需要对所浏览内容进行概括时，信息汇总类插件会读取网页中的文章或视频字幕，并调用 ChatGPT API 进行处理。随后，摘要将以新窗口或弹出框形式展示，方便用户阅读，使他们能迅速掌握关键信息，节省时间。

（4）办公辅助类插件。在日常办公中，ChatGPT 插件的使用可以大大简化工作流程。当办公软件内嵌有 ChatGPT 辅助类插件时，对于文字撰写工作，如邮件编写，用户可以通过提供写作对象、场景等参考信息，快速生成邮件内容。在使用一些办公软件，比如 Excel，执行复杂操作时，需要使用一些细致的指令。通过使用

ChatGPT 辅助插件,用户可以通过描述目标,得到 ChatGPT 的指导,从而更高效地完成任务。

（5）编程辅助类插件。为了利用 ChatGPT 在编程上的巨大潜力，一些开发者基于 ChatGPT 开发出在 Visual Studio Code 等文本编辑器中使用的辅助类插件，这些插件能够帮助用户实现代码审核、代码优化、代码测试、代码注释、代码重构等实用功能，使他们能够更加快速高效地进行软件的开发与测试工作。通过辅助插件与 ChatGPT 不断沟通，用户能够持续获得信息和反馈，写出具有高质量的个性化的代码。

（6）提示词辅助类插件。为了在日常使用 ChatGPT 时更方便地获取到合适的提示词或模板，一些开发者通过设计插件来改变 ChatGPT 的网页内容。一般来说，修改后的网页包含了问题类型列表和关键词搜索，用户可以利用这两种功能快速获得高质量的提示写作模板，并在此基础上根据自身需求修改提示信息，与 ChatGPT 进行交互。当用户发现或创作出高质量的提示文本时，也可以进行保存。

2. 第二类插件

2023 年 3 月 23 日，OpenAI 推出了 ChatGPT 的插件功能，如图 3.8 所示。与第一类插件把 ChatGPT 通过 API 融入浏览器、编辑器等其他平台，作为现有使用工

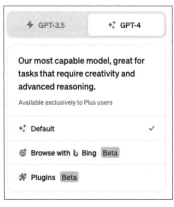

图 3.8　ChatGPT 插件选项

具的扩展不同，此次官方推出的插件功能则像是将 ChatGPT 本身当作了一个 iPhone 手机，把插件当作 App，把官方推出的 plugins store 当作是应用商店。这一变化表示 ChatGPT 本身也将成为一个强大的生态系统，广泛渗透到互联网的方方面面，ChatGPT 作为人工智能助手的潜力得到了极大的释放。

目前官方已放出了 Expedia（旅行建议）、Instacart（在线购物）、KAYAK（航班、酒店、租车）等多款第三方插件和网络浏览器、代码解释器两款官方插件，这些插件可以帮助 ChatGPT 访问最新信息、执行计算和运行第三方服务，图 3.9 展示了目前 ChatGPT 的热门插件。

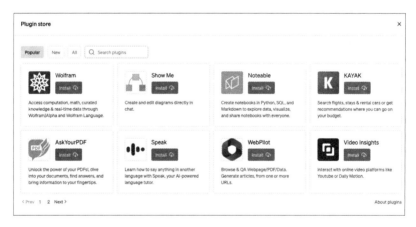

图 3.9 ChatGPT 热门插件

ChatGPT 插件通过与第三方应用程序的连接，使用户在聊天过程中能够直接检索实时信息，例如股票价格和体育比赛成绩等。此外，插件还可帮助用户访问知识库信息，如公司文档和个人笔记等。借助这些插件，ChatGPT 甚至能协助用户完成各种日常事务，包括订购机票和预订餐厅。ChatGPT 调用 Savvy Trader AI 插件查询股市信息如图 3.10 所示。

图 3.10　ChatGPT 调用 Savvy Trader AI 插件查询股市信息

ChatGPT 调用 Kayak 插件查询航班信息如图 3.11 所示。

在此次发布的插件中，Wolfram | Alpha 这个计算引擎插件弥补了 ChatGPT 此前较弱的计算能力，ChatGPT 提供了简单易用的用户界面。通过 Wolfram 插件，用户不仅可以进行数学计算，还可

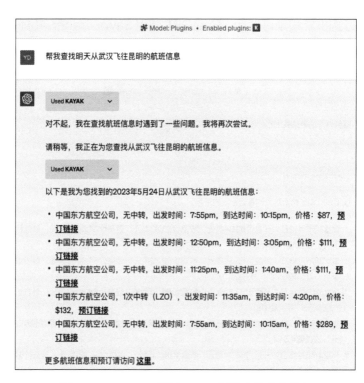

图 3.11　ChatGPT 调用 Kayak 插件查询航班信息

以生成图表、创建家谱树、创建音频光谱图等内容。例如，你可以询问它我国的牲畜种群情况，并获得相应的柱状图，如图 3.12 和图 3.13 所示。

　　通过使用官方的浏览器插件让 ChatGPT 具备访问互联网信息的能力。通过使用 Bing API 进行搜索，ChatGPT 可以整合多个来源的信息，并为用户提供可单击的参考资料以核实其声明。例如，它可以帮找在其训练数据截止日期外的新闻信息或者查询实时的天气，如图 3.14 和图 3.15 所示。

图 3.12　ChatGPT 调用 Wolfram 插件查询畜牧种群数据

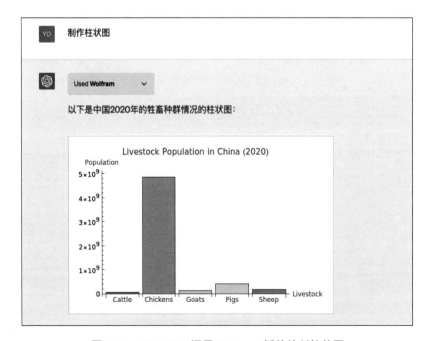

图 3.13　ChatGPT 调用 Wolfram 插件绘制柱状图

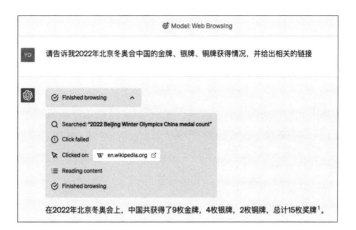

图 3.14　ChatGPT 调用浏览器插件查询 2022 冬奥会奖牌情况

图 3.15　ChatGPT 调用浏览器插件查询天气预报

在此次发布的插件中最重要的要数 Zapier，该插件本身已经集成了超过 5000 个应用程序，如 Google Sheet、Gmail、Trello 和 Notion 等，通过 Zapier 与 ChatGPT 的结合，用户可以轻松完成任务自动化、邮件发送、数据库查询等操作，大大提高工作效率，如图 3.16 所示。

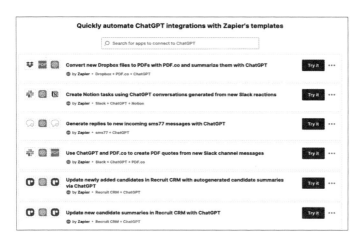

图 3.16　ChatGPT 调用 Zapier 中应用程序的模版

3.3　ChatGPT 决定行业竞争力

ChatGPT 还具备执行众多开放性任务的能力，如信息检索、内容创作、智能交互、工作辅助、生活辅助等，这使其能够服务于各行各业。

从经济学角度来看，ChatGPT 是一种使能技术（enabling technology），这意味着它能够协助劳动者以更高效的方式完成现有任务，或者为他们创造全新的工作机会。对于各行业的使用者而言，ChatGPT 无疑是一位勤奋敬业、忠诚可靠且表达能力出众的个人助手（相较于以往的聊天 AI，ChatGPT 确实更具"人性化"的特质）。通过合理地运用 ChatGPT，人们可以从烦琐的、常规性的工作中解放出来，这将为他们提供更多的机会将智慧和精力投入到更美好的生活以及富有创造力的事业中。

随着科技的发展，行业竞争变得愈发激烈。在这种背景下，ChatGPT 的应用将成为决定各行业竞争力的关键因素。通过将 ChatGPT 引入各种工作场景，企业和组织能够提高工作效率、降低成本，并为客户提供更加优质的服务和体验。无论是 IT、金融、教育、法律还是传媒等领域，ChatGPT 都能提供巨大的价值，助力企业在竞争中脱颖而出。

3.3.1　IT 行业

ChatGPT 的快速普及首先改变了 IT 行业本身。2023 年 1 月 31 日，CNBC 报道了 ChatGPT 在谷歌 L3 级工程师的面试中通过了技术问题的测试评估。虽然 L3 级职位在谷歌工程团队中属于入门级别，通常参加面试的是应届毕业生和编程行业的新人，但要想获得职位也并非易事，需要受试者对编程有深刻的理解。而在 2023 年 3 月 14 日，ChatGPT 更新为 GPT-4 版本后，其编程能力得到了显著提升，可以更准确地理解复杂的编程问题，为用户提供高质量的解决方案。在某些场景下，GPT-4 版本的 ChatGPT 甚至可以与经验丰富的软件工程师竞争，展示出强大的代码生成和调试能力。对于每一个 IT 从业者来说，将 ChatGPT 结合到自己的工作流程都迫在眉睫。

1. 学习新技能和编程语言

ChatGPT 作为一种大规模语言模型，它的训练数据包含了大量的代码文本、科技文章和技术文献。因此，它可以作为一个丰富的编程知识库，帮助用户学习新技能、编程语言和技术领域的知识。程序员可以向它请教关于编程的问题，获得实用的建议、代码示例和技巧。这样不仅可以提高编程技能，而且可以减少学习成本，加快掌握编程知识的速度。因此，ChatGPT 不仅是一个语言模型，更是一个宝贵的编程学习资源。

当一名学生想快速学习数据结构，那么它可以向 ChatGPT 提出有关数据结构的基本问题，例如，"什么是数据结构？"或"请简要介绍数据结构的类型。"通过这种方式获得对数据结构的初步了解。在此基础上，学生可以向 ChatGPT 询问有关特定数据结构的详细信息，如链表、栈、队列、树等。例如，"请解释链表数据结构以及其操作。"ChatGPT 会提供关于链表结构、基本操作和适用场景的详细解释。为了更好地理解如何在实际编程中使用数据结构，学生可以向 ChatGPT 请求代码示例。例如，"请给我一个使用 Python 实现链表的示例代码。"ChatGPT 将提供一个简单的链表实现，并解释代码的工作原理。在学习过程中，"刷题"必不可少，学生不可避免地会遇到各种问题或错误。此时，他们可以将这些问题提交给 ChatGPT，以获得帮助和解决方案。如下面的对话所示，ChatGPT 在回答滑动窗口问题时，首先阐述了解题方法与思路，并将解题的步骤细致地分解，然后才给出代码，这样翔实的答案相较于搜索引擎搜索出的参考答案无疑更具可读性。

> **用户：** 你是一个程序员，请用 Python 解决下面的问题：给定一个长度为 n 的数组 num 和滑动窗口的大小 size，找出所有滑动窗口里数值的最大值。
>
> 例如，如果输入数组 {2，3，4，2，6，2，5，1} 及滑动窗口的大小 3，那么一共存在 6 个滑动窗口，它们的最大值分别为 {4，4，6，6，6，5}；针对数组 {2，3，4，2，6，2，5，1} 的滑动窗口有以下 6 个：
>
> {[2，3，4]，2，6，2，5，1}，{2，[3，4，2]，6，2，5，1}，{2，3，[4，2，6]，2，5，1}，{2，3，4，[2，6，2]，5，1}，{2，3，4，2，[6，2，5]，1)，{2，3，4，2，6，[2，5，1]}。窗口大于数组长度或窗口长度为 0 的时候，返回空。
>
> 数据范围：$1 \leqslant n \leqslant 10000$，$0 \leqslant size \leqslant 10000$，数组中每个元素的值满足 $|val| \leqslant 10000$，要求：空间复杂度为 $O(n)$，时间复杂度为 $O(n)$。
>
> **ChatGPT：** 可以使用双端队列（deque）来解决该问题。deque 可以在两端进行插入和删除操作，非常适合用于滑动窗口相关的问题。
>
> 以下是使用 Python 解决该问题的代码：
>
> ```
> from collections import deque
>
> def find_max_sliding_window(nums, size):
>     if not nums or size == 0 or size >
> len(nums):
> ```

```
        return []

    result = []
    window = deque()

    # 初始化滑动窗口
    for i in range(size):
        # 保证窗口中的元素按降序排列, 即最大值在
        # 最左边
        while window and nums[i] >
nums[window[-1]]:
            window.pop()
        window.append(i)

    # 处理剩余的滑动窗口
    for i in range(size, len(nums)):
        result.append(nums[window[0]])

        # 移除已经滑出窗口的元素
        if window[0] <= i - size:
            window.popleft()

        # 保证窗口中的元素按降序排列, 即最大值在
        # 最左边
        while window and nums[i] > nums
        [window[-1]]:
```

```
                window.pop()
            window.append(i)


    result.append(nums[window[0]])
                    # 添加最后一个窗口的最大值


    return result

使用示例：
nums = [2, 3, 4, 2, 6, 2, 5, 1]
size = 3

result = find_max_sliding_window(nums, size)
print(result)
输出结果：
[4, 4, 6, 6, 6, 5]
```

该解法的时间复杂度为 O(n)，空间复杂度为 O(n)，符合题目要求。

2. 辅助编程与调试

通过利用其强大的语言理解和生成能力，ChatGPT 可以根据用户的需求生成代码片段，减轻手动编写代码的负担。只需向 ChatGPT 提供清晰的编程需求，它就能为用户生成相应的代码。借助 ChatGPT，开发者们可以更高效地完成日常工作，减少在查找资料、编写重复性代码和调试过程中的时间消耗。假设一个程序员希望创建一个用于图像分类的 CNN 模型，那么他可以按照以下步骤使用 ChatGPT。

（1）请求代码框架：程序员可以先要求 ChatGPT 提供一个简单的 CNN 模型代码框架。例如，"请给我一个使用 Pytorch 实现的简单卷积神经网络模型。"ChatGPT 将返回一个包含卷积层、池化层和全连接层的基本 CNN 模型。

（2）自定义模型：程序员可以根据实际应用需求，向 ChatGPT 请求修改模型的建议。例如，"我想用这个 CNN 模型进行 10 类图像分类。如何修改模型以适应这个任务？"ChatGPT 将为程序员提供相应的建议，如调整输出层的神经元数量和激活函数等。

（3）训练和评估：程序员可以向 ChatGPT 询问如何训练和评估模型。例如，"如何使用 Pytorch 训练和评估这个 CNN 模型？"ChatGPT 将提供训练模型所需的代码示例，包括数据预处理、编译模型、设置训练参数和评估模型性能等。

（4）优化和调试：在训练过程中，程序员可能需要优化和调试模型。他们可以向 ChatGPT 提出问题，以获得相应的建议。例如，"我的 CNN 模型在验证集上的准确率很低，如何提高它的性能？"ChatGPT 可能会建议调整网络架构、使用数据增强技术或调整训练参数等。

通过以上步骤，程序员可以利用 ChatGPT 自动生成深度学习领域中的卷积神经网络模型代码，从而更高效地进行图像分类任务。

> **用户：** 请给我一个使用 PyTorch 实现的简单卷积神经网络模型。
>
> **ChatGPT：** 当然可以，以下是一个使用 PyTorch 实现的

简单卷积神经网络（CNN）模型的例子。这个模型主要用于识别 MNIST 数据集的手写数字。

```python
# 导入必要的库
import torch
from torch import nn

# 定义 CNN 模型
class SimpleCNN(nn.Module):
    def __init__(self):
        super(SimpleCNN, self).__init__()
        self.conv1 = nn.Conv2d(in_channels=1,
out_channels=32, kernel_size=3, stride=1,
padding=1)
        self.relu = nn.ReLU()
        self.maxpool = nn.MaxPool2d(kernel_
size=2)
        self.conv2 = nn.Conv2d(in_channels=32,
out_channels=64, kernel_size=3, stride=1,
padding=1)
        self.fc = nn.Linear(7*7*64, 10)

    def forward(self, x):
        x = self.conv1(x)
        x = self.relu(x)
        x = self.maxpool(x)
```

```
        x = self.conv2(x)
        x = self.relu(x)
        x = self.maxpool(x)
        x = x.view(x.size(0), -1)  # 展平
        x = self.fc(x)
        return x


# 创建模型
model = SimpleCNN()
print(model)
```
```

上述模型的输入假设是 MNIST 手写数字的灰度图像，因此输入通道数是 1。第一层是卷积层，使用 32 个 3×3 的卷积核，步长为 1，填充为 1，然后通过 ReLU 激活函数，再通过 2×2 的最大池化层。第二层与第一层类似，但是使用了 64 个卷积核。最后，我们对输出的特征图进行展平操作，并通过全连接层转换为 10 个输出，即 10 个类别的分数。

注意：在训练这个模型之前，你还需要定义损失函数（例如交叉熵损失）和优化器（例如 Adam 或 SGD）。此外，还需要一个数据加载器来供应 MNIST 数据集。

### 3. 生成文档

在 IT 行业中，为确保软件开发过程的成功，需要编写多样化、
```

准确的文档来确保项目的高效完成和日常维护。为了实现更加高效和精确的文档编写，从业者可以利用 ChatGPT 这样的智能工具来辅助文档的生成。不仅可以节省从业者的时间和精力让他们更专注于核心开发工作，提高项目的成功率，同时还能大大提高文档的质量和准确性。

如下所示，用户可以利用 ChatGPT 为编写的代码提供简洁而完整的功能文档。只需要提供代码片段并请求生成文档，即可立即得到一段详细的代码文档，这样用户就能够更加专注于其他重要任务。

用户：

```python
def get_timestep_embedding(timesteps, embedding_dim):
    assert len(timesteps.shape) == 1
    half_dim = embedding_dim // 2
    emb = math.log(10000) / (half_dim - 1)
    emb = torch.exp(torch.arange(half_dim, dtype=torch.float32) * -emb)
    emb = emb.to(device=timesteps.device)
    emb = timesteps.float()[:, None] * emb[None, :]
    emb = torch.cat([torch.sin(emb), torch.cos(emb)], dim=1)
    if embedding_dim % 2 == 1:  # zero pad
        emb = torch.nn.functional.pad(emb, (0,1,0,0))
    return emb
Document this code，reply in Chinese
```

ChatGPT：

这段代码是一个函数 `get_timestep_embedding`，它用于生成时间步的嵌入向量。下面是对代码的逐行解释：

```
def get_timestep_embedding(timesteps,
embedding_dim):
    assert len(timesteps.shape) == 1
```

这是函数的定义，接受两个参数：`timesteps`（时间步）和 `embedding_dim`（嵌入维度）。函数通过断言（assert）确保 `timesteps` 是一维的。

```
    half_dim = embedding_dim // 2
    emb = math.log(10000) / (half_dim - 1)
    emb = torch.exp(torch.arange(half_dim,
dtype=torch.float32) * -emb)
    emb = emb.to(device=timesteps.device)
```

在这些行中，我们计算了嵌入维度的一半，并计算了一个系数 `emb`。我们使用 `torch.arange` 生成从 0 到 `half_dim-1` 的一维张量，并将其乘以 `-emb` 后取指数。这样得到的 `emb` 是一个一维张量，表示了一系列指数函数值。我们使用与 `timesteps` 相同的设备（device）来存储这个张量。

```
    emb = timesteps.float()[:, None] *
emb[None, :]、
```

这一行将 `timesteps` 转换为浮点型张量，然后进行广播乘法。

它将 `timesteps` 的每个元素分别与 `emb` 的每个元素相乘，生成一个形状为 `(len(timesteps), half_dim)` 的张量。

```
emb = torch.cat([torch.sin(emb), torch.
cos(emb)], dim=1)
```

在这行中，我们计算了 `emb` 的正弦和余弦值，然后使用 `torch.cat` 函数将它们沿着维度 1（列维度）进行拼接。这样得到的张量的形状为 `(len(timesteps), embedding_dim)`。

```
if embedding_dim % 2 == 1:  # zero pad
    emb = torch.nn.functional.pad(emb,
(0,1,0,0))
```

如果 `embedding_dim` 是奇数，那么我们对张量进行零填充，使其在最后一列维度上增加一个零值。

```
return emb
```

最后，我们返回生成的嵌入向量 `emb`。

这段代码的目的是根据给定的时间步生成对应的嵌入向量，该向量可以在序列模型等应用中用于表示时间信息。

    ChatGPT 在上述的测试中显示出了较高的编程水准，但直接将 ChatGPT 生成的答案直接加入项目无疑是不明智的，因为 ChatGPT 有时会给出现实中不存在的 API。普渡大学电气与计算机工程和计算机科学教授 Saurabh Bagchi 表示，类似 ChatGPT 的人工智能工具似乎在生成代码"片段"方面做得越来越好，但他也认为该技术无论如何仍不完全可靠。编程网站 stack overflow 也持相同态度，在其上使用 ChatGPT 创建帖子的行为已经被禁止，其运营人员表示："虽然 ChatGPT 产生的答案有很高的错误率，但它们往往第一眼看起来可能是对的，而且使用人工智能导致答案非常容易生成。我们需要减少这些内容。"

达科他州立大学计算机科学教授 Austin O'Brien 也表示，由于 ChatGPT 是基于自然语言的模型，它只是模仿了以前在类似语境中看到的内容，而没有更深入的算法、数据结构理解或普遍问题解决能力。它无法真正推断出未知问题的新解决方案，当面临新的问题时，可能会遇到困难。但这并不意味着我们要抛弃 ChatGPT，ChatGPT 将使具有丰富经验的高级工程师变得更有价值，因为他们具备充分利用 ChatGPT 的能力，一方面他们能够发现 ChatGPT 编程结果中可能出现的潜在错误，告诉 ChatGPT 它错在哪里，另一方面他们能够利用自身经验设计出最适合所要解决问题的 Prompt，充分调用 ChatGPT 的编程能力。在这个过程中，ChatGPT 的实用性与可靠性得到了保障，而程序员自身也被从单调乏味日常化的任务中解放了出来，有了去思考更高层次问题的机会。

3.3.2　金融行业

随着技术的发展，金融行业的业务模式已经发生巨大变化，数据分析已成为金融行业中不可或缺的部分，可以说现代金融行业是基于数据驱动的。人工智能和计算机技术的出现，让金融行业能够更加准确地分析市场趋势和风险。投资公司可以使用大数据分析工具，例如机器学习算法，从各种数据来源中提取信息，包括股票市场数据、财务报告、消费者行为等，以帮助他们更好地预测市场变化，识别潜在的投资机会和风险。银行也可以使用人工智能技术来优化他们的业务流程和客户服务。自动化和智能化的解决方案可以帮助金融机构更高效地处理大量数据和交易，减少错误和欺诈，提高客户满意度。在投资领域，机器学习和自然语言处理等技术已经开始用于帮助投资者分析大量的信息，并根据历史数据和市场趋势做出预测。一些基金公司甚至使用机器学习来创建投资组合，以获得更好的回报。

据金融媒体 dashdevs 网站声称有专家预测，到 2025 年，仅在银行业，人工智能技术的市场规模就将超过 200 亿美元，以 ChatGPT 为代表的大规模语言模型有望在其中引领变革，改变金融市场的运作模式。我们将按照业务流程，介绍 ChatGPT 是如何提高银行、保险公司、证券公司、基金公司等金融机构的生产力、简化运营流程和改善服务质量的。

1. 优化客户服务

ChatGPT 在金融行业最基本的用途就是提供以自动化账户查询与管理为代表的客户服务。通过构建以 ChatGPT 为基础的虚拟助手，金融公司能够对常见的客户问题做出快速的回应并执行简单的操作，例如检查账户的余额或是资金转账。相较于人类客服，这些虚拟助手可以提供 7×24 小时的全天候服务，可以有效减少用户的等待时间并改善客户体验，以往复杂的 UI 设计使得用户很难在金融 App 中快速查询到账户信息。

　　虽然一些复杂的问题仍需人类才能解答，但通过减少简单问题对人工的占用，可以使得那些需要一对一服务的复杂问题得到及时的专人解决，客服成本降低。过往的一些金融 App 虽然已经内置了聊天机器人，但其基本上只能提供一些常见问题的解答或是将用户的问题引导向固定模式的问题。基于 ChatGPT 的虚拟助手将使得用户可以获得更加直接且有针对性的回复，实现更加人性化的沟通方式。这种互动性的提升有助于加强客户与银行之间的信任和互动，进一步提高客户的忠诚度和满意度。除了自动化客户服务外，金融公司还可以利用 ChatGPT 来分析客户历史交易数据和偏好，提供更加智能化的客户体验。例如，银行可以根据客户的历史购买记录，向客户推荐最适合的理财产品或信用卡，提高客户的满意度和忠诚度。

　　此外，银行还可以将 ChatGPT 集成到其现有的欺诈检测系统中，以提高其检测的准确性和效率。具体来说，银行可以将客户的交易数据、行为模式和其他相关信息输入 ChatGPT 模型中，模型将对这些数据进行分析，并根据其对欺诈行为的理解和预测，为银行提供实时的风险评估和建议。通过使用 ChatGPT 等语言模型，银行可以更好地保护客户和自身免受欺诈行为的侵害。据英国金融时报 3 月 24 日报道，苏黎世保险公司正在研究 ChatGPT 的应用，例如，从索赔说明和其他文件中提取数据，以应对初创企业和更大的竞争对手带来的挑战。

2. 投资分析

投资分析在现代金融业中扮演着至关重要的角色。通过分析和评估市场及企业的基本面、技术面和宏观经济环境等因素，投资分析帮助投资者做出更加理性和明智的投资决策，ChatGPT 的出现使得这一重要过程将变得更加轻松。如果你是一位财务顾问或是投资经理，当你打算投资一家公司时，可以通过 ChatGPT 快速准确地获取与目标公司及其行业相关的金融数据和信息并进行分析，从而制定更加明智的投资决策，减少投资风险，获得更高的回报。

一家公司的基本面数据包括营收、利润和财务比率等。通过 ChatGPT 对这些数据分析，可以快速评估出公司的健康状况和未来增长潜力，从而决定是否投资该公司。一些市场的技术指标数据，例如，股票价格和交易量也可通过 ChatGPT 进行市场趋势和价格走势的预测，从而为合适买入或卖出股票提供参考。此外，还可以利用 ChatGPT 分析公司的历史数据和风险因素，如经济和市场因素等，评估目标公司的风险水平和投资回报率，以便做出相应的投资决策。我们尝试使用官方浏览器插件向 ChatGPT 询问如下所示的投资问题，答案条理清晰，具有参考价值。

用户： 你现在是一名具有金融市场专业知识的经验丰富的投资经理，结合通货膨胀率或回报估计等因素以及长期跟踪股票价格，最终帮助客户了解行业，然后建议最安全的选择，他/她可以根据他们的要求分配资金和兴趣！开始查询"苹果公司有投资前景吗？"

ChatGPT： 根据我从网上找到的最新资料，苹果公司仍然是世界上市值最大的公司，市值达到 2.09 万亿美元。尽管宏观经济因素使得苹果公司股票在去年下降了约 27%，但苹果公司在财务业绩上表现出色，在许多其他公司由于宏观经济问题而盈利减少的情况下，苹果公司在 2022 财年第四季度报告了创纪录的季度收入 901 亿美元。

在新产品和服务方面，有传言称苹果公司将在 2023 年推出新的产品类别，即新的 AR/VR 头盔。此外，尽管苹果公司的服务业务部门近来增长较快，但其大部分收入仍然来自于销售其热门产品。在 2022 财年结束时，苹果公司报告称服务收入达到 780 亿美元，同比增长 14%。此外，预计苹果公司会在明年推出新的 iPhone 15，这可能会进一步推动其股票价格。

然而，有几个因素可能对苹果公司的股票价格产生影响。首先，由于 Foxconn 工厂生产问题，苹果公司股票在上个月有所下跌，这导致了假日季节的产品交货延迟。其次，苹果公司的自动驾驶汽车项目已经被推迟到 2026 年，这可能会影响投资者的信心。最后，苹果公司最近在欧洲面临反垄断罚款，尽管这个数字对于苹果公司这样的公司来说并不大，但它引起了人们对苹果公司在 App Store 上的做法的关注，这可能会影响其股票价格。

事实上一些金融机构已经把 ChatGPT 纳入了工作流程，作为智能投资顾问企业中优秀代表的瑞士 InvestGlass 公司在其官网上表示，其用户目前可以在 InvestGlass 上使用 ChatGPT 对一家公司展开 SWOT 分析等操作，以进行投资上的评估。

3. 市场营销

由于金融市场竞争激烈，且金融市场与服务往往是高度标准化和可比较的，为了保持市场份额和吸引客户，金融公司需要通过跟踪市场趋势、消费者行为和竞争对手的活动等，及时了解客户需求和市场变化，并迅速在营销上做出反应。面对这一市场环境，ChatGPT 可以帮助金融公司"定制"内容。公司产品的不同受众人群将获得根据他们兴趣与需求量身定制的推广信息。

通过自然语言处理技术，ChatGPT 能快速、准确地为金融公司提供营销文案。据《新华财经》报道，2023 年 2 月 9 日，招商银行发布了一条名为《ChatGPT 首秀金融界，招行亲情信用卡诠释"人生逆旅，亲情无价"》的推文为其产品亲情信用卡（附卡）进行推广。作为国内金融业使用 ChatGPT 进行营销的首次试水，在此次营销中招商银行采用了一种较为保守的方式创作文案，即编辑在论述主题时引用 ChatGPT 的回答。事实上通过 Prompt 给 ChatGPT 设置"营销人员"的身份，我们也可以直接得到一份不错的文案。通过 ChatGPT 的语义理解能力，金融公司可以实现更为精准的广告投放，从而提高广告的转化率。

> **用户：** 我想让你充当银行的营销经理。您将创建一个文案来推广您选择的产品或服务。您将选择目标受众，制订关键信息和口号，宣传媒体渠道是微信公众号。我的第一个建议请求是：我需要帮助针对 30 岁以上的中年人和他们的年老的父母制作一篇名为"人生逆旅，亲情无价"的广告的推文来宣传产品亲情信用卡（附卡）。
>
> **ChatGPT：**
> 标题：人生逆旅，亲情无价
> 目标受众：30 岁以上的中年人以及他们的年老父母

产品：亲情信用卡（附卡）

主文案：

您是否有过这样的疑惑，如何在忙碌的生活中，更加贴心地照顾到父母的需求？那么，我们的"亲情信用卡（附卡）"是您的完美答案。

我们的亲情信用卡（附卡）是专为30岁以上的中年人以及他们的年老父母设计的。这不仅是一张信用卡，更是一种关心，一种情感的纽带。

通过亲情信用卡（附卡），您可以在任何地方、任何时候为父母提供财务支持。无论您在世界的哪个角落，父母的日常开销，医疗费用，应急需求都可以得到及时解决。给您的父母带去便利，也让您心安。

我们的亲情信用卡（附卡）让您与父母之间的距离更近。因为，亲情无价，您的关心无距。

口号：因为爱，距离无阻。

扫描以下二维码，即刻加入我们的亲情信用卡（附卡）大家庭，为您和您的父母带去更多便利与温暖。此刻，让我们一起让爱走进每一家，走进每一个心。

【微信公众号二维码】

让我们一起，用"亲情信用卡（附卡）"，为爱加分。

同时，ChatGPT还可以通过分析社交媒体的数据，了解用户的情感、需求等信息，从而更好地定位目标用户，为营销人员提供对客户行为与偏好的宝贵见解，帮助他们制定营销策略，提高市场营销效果。

虽然 ChatGPT 已经出现在了金融行业的实际工作中，但需要注意的是，金融行业仍然需要人类专业知识和判断力的支持。虽然数据驱动的决策可以提供有价值的指导，但决策最终取决于人类分析师和投资者的理解和经验。此外，金融业作为受到严格监管的行业，数据隐私和安全问题需要得到充分关注。目前仍有许多的金融机构，例如摩根大通、花旗集团、高盛公司、富国银行等都对 ChatGPT 持谨慎态度。据《每日电讯报》报道，摩根大通已在公司内部要求员工禁止使用 ChatGPT 等人工智能工具，但公司的此次决定并不是针对特定事件做出的，而是受制于三方软件使用的标准。乔治华盛顿大学商学院战略管理和公共政策助理教授 Vikram R. Bhargava 在接受《财富》杂志采访时表示："当然，银行业的问题是它是一个受到非常严格监管的行业，而且这项技术对监管机构来说也是新的。"

3.3.3　法律行业

ChatGPT 的出现对于法律行业来说，也预示着巨大的改变将要发生。2023 年 3 月 15 日，OpenAI 发布了新的多模态深度学习模型 GPT-4，并将其作为新版本的 ChatGPT Plus 的内核。随着 GPT-4 一同公布的还有其在各项基准测试中的成绩，在这份成绩单中排在首位的是 Uniform Bar Exam (MBE+MEE+MPT)，即美国的司法考试。如图 3.17 所示，GPT-4 的表现相当亮眼，其 297 分的高分使其超过了 90% 的应试者，比普通人类考生的成绩高出 7%，这证明了 ChatGPT 这类大规模语言模型能够参与复杂的法律任务，这一技术进步对于司法行业来说意味着什么呢？

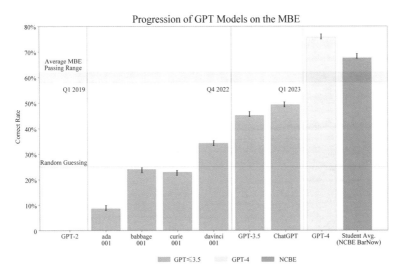

图 3.17　GPT 模型参加律师资格考试的得分情况

1. 提高写作效率

对于司法从业者和需要法律服务的人们来说，使用 ChatGPT 将带来切实的好处，因为司法行业的日常工作绝大多数都依赖于文本形式的数据——诸如法律条款、专利、合同、判决书等，其中充斥着复杂的术语与行文上的规范。借助 ChatGPT 强大的语言理解与表达能力，用户可以通过提示信息输入涉及的人员、协议、条款和任何附加规定，快速准备一些法律文件（例如合同、处理文书、法律意见书等）的初稿，降低人工撰写的时间成本，优化写作的流程。例如，如果用户想要起草一份房屋买卖合同的初稿，他可以向 ChatGPT 提供买卖双方的姓名、房屋所在位置、房屋价格以及其他额外的条款，ChatGPT 可以生成一份条理清晰的合同的初稿，而在这个基础上进行定制化的修改可以大大节约用户的时间与精力。

用户： 创建一份文件，用于张三出售房产给李四。该房产位于汉东省京州市幸福大街 120 号，售价为 500 000 人民币。该文件应符合在中国进行此类销售的通常条款和条件。

ChatGPT：

房产买卖协议

本协议由以下双方于日期签署：

卖方：张三

买方：李四

鉴于，卖方是汉东省京州市幸福大街 120 号房产的合法所有人；

鉴于，买方希望购买该房产；

现卖方和买方达成如下协议：

1. 房产描述

房产位于汉东省京州市幸福大街 120 号，具体描述如下：

- 房产类型：住宅

- 房产面积：_____平方米

- 建筑年份：_____

- 房产所有权证号：_____

2. 买卖价格

买方同意以 500 000 人民币的价格购买上述房产，卖方接受该价格。

3. 交割与过户

交割日期为本协议签署之日起 15 个工作日内。交割时，卖方应向买方提供以下文件：

- 房产所有权证书；
- 房产土地使用证；
- 其他与房产有关的必要文件。

4. 房产状况与担保

卖方保证：

- 房产的所有权合法且无任何限制或纠纷；
- 房产不负担任何未披露的债务、担保或抵押；
- 房产不受任何未披露的赔偿、修复或处罚事项影响；
- 房产没有任何未披露的物理、法律或其他问题。

5. 税费与费用

买方承担所有相关税费和过户费用，包括但不限于契税、户费、登记费等。

6. 不可抗力

如果因不可抗力事件（如自然灾害、战争、政府行为等）导致无法履行本协议的任何义务，双方应免除责任。

7. 争议解决

双方如发生争议，应友好协商解决；如协商不成，应提交给当地有管辖权的人民法院裁决。

8. 适用法律与管辖权

本协议受中华人民共和国法律管辖,并受中国法院的非专属管辖。

9. 协议生效与完整性

本协议自双方签署之日起生效,并取代双方之前的所有口头或书面协议。

卖方(签名):＿＿＿＿＿＿＿＿＿＿＿＿

日期:＿＿＿＿＿＿＿＿＿＿＿＿

买方(签名):＿＿＿＿＿＿＿＿＿＿＿＿

日期:＿＿＿＿＿＿＿＿＿＿＿＿

2. 辅助案件研究

ChatGPT 可以通过对大量的法律文本进行自然语言处理,为法官和律师提供精准、快速的证据分析和语义理解,提高案件的公正性或是胜诉率。ChatGPT 也可以通过分析相似的案件和判决结果,预测某个案件的判决结果,为法官和律师提供案件的可能判决结果以及更加精确的法律建议,从而制定更有针对性的诉讼策略。据法新社报道,2023 年 1 月 30 日,哥伦比亚一名叫巴迪亚(Juan Manuel Padilla)的法官在处理一名自闭症孩童因为父母收入不丰,是否应该被免除预约看诊、治疗和交通费用的案件时使用 ChatGPT 获取建议。他在判决过程中向 ChatGPT 询问了面对的确切法律问题:"自闭症未成年人是否可以免除支付治疗费用的责任？"ChatGPT 给出的答案与法官的最终判决一致："是的，这是正确的。根据哥伦比亚的规定，被诊断患有自闭症的未成年人无须支付治疗费用。"该法官声称，ChatGPT 提供了过往由秘书提供的服务，而且做法有组织、简单且有条理，能够改善司法系统效率。

3. 改善沟通的流程

良好的沟通可以帮助各方更好地理解彼此的观点和证据，从而使司法过程更加公正、准确和有效。在司法判决中，证人的证言可以影响裁判结果，因此必须确保证言的准确性和完整性。但证人往往没有受过法律方面的学习，其沟通能力限制了表达所见所闻的准确性。借助 ChatGPT，律师可以提前根据案情为证人制定出一份证词问题清单帮助证人更好地进行表达，从而使法官能理解案情、判断证据和做出判决。例如，如果用户是原告律师，其客户在一场交通事故中受到伤害，那么他可以向 ChatGPT 描述案件情况获取到一份证词问题清单，并通过该清单收集案件中的蛛丝马迹。

用户： 为发生在合肥市淝河路的一起机动车事故中的原告制定一份证词问题清单。

ChatGPT：
以下是针对发生在合肥市淝河路的机动车事故中原告可能需要回答的一些证词问题清单。请注意，这只是一个例子，并可能需要根据具体情况进行调整。

1. 请描述一下您在事故当天的行程？

2. 在事故发生时，您正处于什么状态（例如驾驶、乘坐、步行等）？

3. 您能详细描述一下事故现场的情况吗？

4. 您在事故发生时是否遵守了所有交通规则？

5. 事故发生时，您的速度大约是多少？

6. 您在事故发生前有多少时间看到了对方车辆？

7. 您对事故有何反应？您试图避开对方车辆吗？

8. 请描述一下事故发生后的情况，有其他的见证者吗？

9. 您受伤了吗？如果受伤，您可以详细描述伤害情况吗？

10. 您的车辆受到了哪些损失？

11. 您是否联系了保险公司？

12. 您是否报警？如果报警，警方有何反应？

13. 在事故后，您是否有看医生或者去医院？如果有，请提供相关的医疗记录。

14. 事故对您日常生活产生了什么影响？

15. 你能否提供证明你在事故中受伤或车辆损失的证据？

16. 您是否能提供任何证明这次事故不是您的错的证据？例如，交通监控录像、照片、目击者等。

这些问题都是为了了解事故的全貌，以及您在事故中的角色。为了最好地保护您的权益，建议您在法律专业人士的指导下回答这些问题。

4. 提供基础法律援助

在 ChatGPT 改变法律行业时，改变的不仅是律师与法官，普通人诉诸司法的行为方式也将受到影响。通过 ChatGPT，普通人能便捷地获取相对准确的法律法规，了解判断自身的合法权益是否受到损害，抑或是自身的利益诉求是否合法。ChatGPT 的出现使得学法、用法的经济成本与时间成本降低，整个社会的法律意识得到增强。正如由安大略省法律委员会 (LCO) 顾问 Ryan Fritsch 表示的那样：ChatGPT 等免费人工智能工具至少可以为那些寻求法律建议的人提供一个起点。他说，它善于"识别并指明大方向"，这"对很多人来说都很有价值"，尤其是那些不知道自己合法权利的人。例如，当一个人在公司遇到不公正的待遇，向 ChatGPT 寻求建议来保障自身的合法权益似乎是个不错的选择。

用户： 假设你是一位中国从事民事诉讼的律师，我将向你咨询法律问题。公司故意将我调到和之前岗位无关的新岗位，且工资将为原来的十分之一以逼迫我辞职，请问我该如何运用法律维护我的合法权益？

ChatGPT： 你可以通过以下几个步骤来维护你的合法权益：

1. 员工手册和合同：首先，你应该检查你的雇佣合同和公司的员工手册，看看是否有关于调岗、降薪的条款。有些合同中可能包含了这类条款，但要执行这些条款，公司需要满足一定的条件。

2. 收集证据：如果你觉得公司的做法是违法的，你应该尽快收集证据。包括但不限于：你的原工资、被调岗后的工资，公司的通知或解释（如有），和其他员工的类似经历等。所有的书面资料都可能作为证据，包括电子邮件、录音、短信等。

3. 法律咨询：寻求专业的法律援助。在中国，你可以向当地的劳动仲裁委员会申请劳动仲裁，或者直接向法院起诉。这一阶段的法律咨询非常重要，因为它将决定你能否成功地维护你的权益。

4. 劳动仲裁或诉讼：如果你认为你的权益受到侵害，你可以申请劳动仲裁或向法院起诉。在这一阶段，你需要提供你收集的证据来证明公司的行为是违法的。

5. 寻求赔偿：如果你在劳动仲裁或诉讼中胜诉，你可能有权获得赔偿。这可能包括未支付的工资、赔偿金、精神损害赔偿等。

在进行上述所有操作时，建议你始终在法律顾问的指导下进行，以保护你的合法权益。

虽然 ChatGPT 在上述场景中表现亮眼，但用户，尤其是从事司法行业的用户，必须小心谨慎地使用 ChatGPT，以避免过度依赖它，因为 ChatGPT 在司法领域的应用中仍然存在以下限制与风险。

首先，需要注意的是，ChatGPT 并非法律专业人员，它的法律知识和理解仅仅是基于训练数据的模拟。因此，ChatGPT 的法律知识是有限的，存在滞后性，无法覆盖所有情况和细节，而且可能会出现错误或误导信息。例如，2022 年我国制定法律 6 件，修改法律 10 件；做出有关法律问题和重大问题的决定 7 件；做出法律解释 1 件；制定行政法规 2 件，修改行政法规 16 件，废止行政法规 7 件；制定司法解释 17 件，修改司法解释 5 件，废止司法解释 5 件。而基于 2021 年 6 月之前数据的 ChatGPT 在回答法律问题时显然无法考虑到这些法律法规的新动态。

此外，在司法场景中 ChatGPT 仍存在无法获取足够数据的情况下编造事实和来源的问题，这些存在偏差的答案行文流畅与真实答案别无二致，这对于缺乏专业法律知识的人来说极具欺骗性。因此，ChatGPT 可以帮助律师和法官简化某些司法流程，但不能代替他们履行职责。萨福克大学法学院院长兼法学教授 Andrew Perlman 表示，ChatGPT 的回答虽然在很多方面是不完整且有问题的，但却出奇精细。例如，ChatGPT 对人管辖权的描述未能解释该理论的各个方面，可能会误导用户。

另外，因为 ChatGPT 的训练数据是基于历史数据集，其回答可能会反映出社会和文化上的偏见，如果用户在司法过程中不经审查地采信 ChatGPT 的回答可能会给社会上的弱势群体造成伤害。在不同国家，由于受风俗、历史、人文等原因影响，可能会对同一宗案件有着完全不同的判决结果。例如，对于一桩同性婚姻申请，美国和沙特阿拉伯的司法系统将做出截然不同的反应，而 ChatGPT 在不加提点的情况下，不会意识到这类差异的存在。

最后，使用 ChatGPT 也可能会存在泄露案件机密的风险。因为 ChatGPT 是云端服务，用户的输入和生成的答案可能会被存储在服务器上。如果未能正确保护这些数据，就可能会导致机密信息泄露。因此，司法行业的从业者在使用 ChatGPT 时要充分考虑案件信息的机密性和特殊性，对向 ChatGPT 寻求答案的行为考虑是否存在风险。

对于这些问题，各国司法行业正在积极寻求解决办法，因为如果想要保持自身的竞争力，拥抱 ChatGPT 这类人工智能的工具是必然的选择。美国律师协会就通过了一项以人工智能为重点的决议。该决议呼吁法院和律师应对使用人工智能（AI）所带来的新兴的道

德和法律问题,包括:AI 自动决策的偏见、可解释性和透明度问题;
合乎道德和有益的 AI 使用问题;对 AI 和提供 AI 的供应商进行控制
和监督的问题。

3.3.4 教育行业

美国在线教育网站 Study.com 在 2023 年 1 月对 100 多名教育
工作者和 1 000 名 18 岁以上的学生进行了关于学校使用 ChatGPT
的调查。调查结果令人惊讶,有超过 89% 的学生曾使用 ChatGPT
来帮助完成家庭作业,48% 的学生使用过 ChatGPT 来应对家庭测
试,53% 的学生使用 ChatGPT 进行过文章的写作,22% 的学生使
用过 ChatGPT 进行论文提纲的编写。而这一切都发生在 ChatGPT
发布还不足两个月的时间里。

教育领域正经历着一场由 ChatGPT 引发的颠覆性变革。凭借
卓越的自然语言处理能力,这款人工智能工具已广泛应用于撰写作
业、论文等任务。事实上,从大学到中学,各国校园普遍出现了学
生利用 ChatGPT 完成大论文作业的现象,使教师难以判断学生的
真实水平。这促使教育界对传统的考试模式和学位授予方式进行深
刻反思,尤其在人文社会学科领域。

为应对这一挑战,世界各地的学校纷纷采取行动。在国际上,
美国纽约州、澳大利亚新南威尔士州等地的多个大型公立学区颁布
了针对 ChatGPT 的禁令,试图遏制其在教育过程中的滥用。国内
方面,香港大学也加入禁用 ChatGPT 的行列,以维护学术诚信和
教育质量。然而,长远来看,教育行业必须适应这一技术的普及。

正如搜索引擎曾彻底改变信息获取方式一样，ChatGPT 也将成为教育生态中不可或缺的组成部分。那么，在教育领域，我们如何正确地利用并整合 ChatGPT 等人工智能技术，以充分发挥其潜力呢？

1. 个性化学习

在传统的教育环境中，无论是中小学还是大学课堂，教学模式往往以一名教师面对多名学生的群体教学为主。近年来，受全球疫情影响，线上教育和远程教育迅速崛起，为教学带来更大的灵活性和自主性。然而，在面对众多学生时，教师往往难以充分满足每个学生的个性化需求。幸运的是，ChatGPT 的出现有望改变这一现状。

每个学生都是独特的个体，他们在学习上的需求和兴趣点各不相同。借助 ChatGPT，教师和家长可以根据学生的独特需求和能力，为他们提供个性化的学习体验。具体而言，教师和家长可以利用 ChatGPT 分析学生的学习进度、偏好和优势，进而生成定制化的课程内容、学习资源和练习任务，实现因材施教。与此同时，学生也可以借助 ChatGPT 构建自适应的学习路径，通过向其提问以获取针对自己学习需求的解答。例如，一名学生在学习概率论时遇到困难，他可以向 ChatGPT 提问相关问题，如"如何理解大数定律？"或"什么是马尔可夫链？"。根据学生的问题和理解程度，ChatGPT 会提供相应的解答和示例，从而使学生能够按照自己的节奏和需求进行学习。

此外，学生还可以利用 ChatGPT 生成练习题或模拟测试，以检测自己在某个领域的知识掌握程度。例如，一名大学生在学习完线性代数中行列式的相关内容后，可以要求 ChatGPT 为其生成一些相关的练习题。通过解答这些题目，学生能够了解自己的学习进度和知识掌握情况，从而及时调整学习方法和策略。

用户： 你是一位资深的大学数学教授，精通线性代数、矩阵论等方面的知识，请为一名刚刚学习完行列式综合计算与应用的大学生，出一道测试题。

ChatGPT：

当然可以，以下是一道测试题目：

题目：考虑一个 3×3 矩阵 A，其元素为：

```
A =
   [ a, 2, 3]
   [ 4, b, 6]
   [ 7, 8, c]
```

其中 a, b, c 是你需要找到的值。根据以下条件求解 a, b, c：

1. 矩阵 A 的行列式等于 0。

2. 矩阵 A 的第一行是第二行和第三行的线性组合，且满足以下关系：第一行 = 第二行 + 第三行的一半。

提示：首先使用行列式的性质，然后解出一个包含 a, b, c 的方程，再结合第二个条件继续解方程。

如上面所示，ChatGPT 不仅能为学生设计出符合其学习水平的测试题，还能给出如何解题的思路。

2. 语言学习辅助

作为当下最先进的大规模语言模型，ChatGPT 几乎掌握了地球上所有主要语言，从英语、法语、德语和俄语，到汉语、泰语、印地语和缅甸语，无所不包。这一强大功能使得 ChatGPT 不仅能够实现同种语言的对话，还能促进跨语种交流，使其成为学习语言的绝佳工具。

借助 ChatGPT 作为语言辅助学习工具，学生们将置身于一个实时互动的语言学习环境，从而在真实且有趣的语境中提高他们的语言技能，更快地掌握目标语言。与 ChatGPT 进行直接对话是最直接的学习方法。尽管 ChatGPT 本身不具备语音功能，但通过使用如 Voice Control for ChatGPT 等网页插件，学生可以与 ChatGPT 进行口语对话，并通过模拟不同场景练习实际生活中的各种交流需求。

书面写作在外语学习中也是一个挑战。初学者往往会在语法和拼写方面遇到困难。如下例所示，将作品提交给 ChatGPT 审阅，学生们便能迅速发现其中的问题并根据 ChatGPT 给出的意见加以改进。此外，在阅读外语文献时，我们可能会遇到难以理解的句子。此时，可以请教 ChatGPT 进行翻译，以便更好地理解文章内容。学习一门语言的最终目的是理解与这门语言相关的文化。通过与 ChatGPT 的持续交流，学生们可以深入了解目标语言国家的风俗、历史、文学等话题，从而提高他们的跨文化交际能力。

用户： 你是一位资深的英语老师，正在批改学生的作文，请问 "There are many students are playing football on the playground！" 有错误吗？

ChatGPT： 是的，这个句子的结构存在错误。原句"There

are many students are playing football on the playground!"中，两个谓语动词"are"出现在了同一个从句中，这导致句子结构出错。为了修正，你可以采取以下两种方式：

1. 将"are"从前半部分移除，这样句子就会变成"Many students are playing football on the playground!"。

2. 或者，可以将"are playing football on the playground"改为"who are playing football on the playground"，这样句子就会变成"There are many students who are playing football on the playground!"。

这两种方式都可以更正原有的错误，让句子结构符合语法规则。

3. 辅助教学与评估

ChatGPT 在教育行业的应用不仅限于学生的自我学习，它还可以协助教师高效地完成许多日常任务，从而提升教学质量和效率。教师可以利用 ChatGPT 制订教学计划、设计课程大纲以及评估作业等，为课堂教学提供更好的支持。这样的智能辅助工具能让教师更专注于关注学生的学习进度和需求，同时也能为他们提供专业的教学建议和策略改进。

教学设计作为教学质量的重要保障，可以在 ChatGPT 的协助下得到进一步优化。在此背景下，教师能够更好地发挥其专业知识和经验。例如，当一位老师需要开设一门新课程时，他可以向 ChatGPT 咨询如何合理安排课程内容、确定重点话题以及设计有趣的课堂活动等。基于教师的需求，ChatGPT 可以生成详细的课程大纲和教学计划，为教师提供灵感和方向。此外，ChatGPT 还能为教师提供一系列实践性和互动性的教学方法，以激发学生的兴趣和参与度。

批改作业和评估学生学习情况在教学过程中至关重要，但也耗费教师大量时间。而 ChatGPT 的出现，使得这一情况发生了显著变化。教师现在可以快速检查学生提交的作业，并提供有针对性的反馈。例如，在批改语文作文时，ChatGPT 能够自动检测学生在写作中是否存在语法错误、错别字和用词不当，并给出相应的修改建议。

事实上，ChatGPT 在教学实践中的应用已经成为现实。据美国《福布斯》杂志报道，宾夕法尼亚大学沃顿商学院的 Ethan Mollick 教授认为 ChatGPT 具有作为学习伙伴的巨大潜力，并已经运用 ChatGPT 为其 MBA 课程"创业与创新"制定了教学大纲、讲座、作业和评分标准。这表明，ChatGPT 在教育领域的应用已经取得了一定的成果，并将继续为教育事业做出更多贡献。

尽管 ChatGPT 在教育领域具有广阔的应用前景，但我们不应忽视其中潜在的挑战。过度依赖和作弊问题可能导致学生缺乏深入思考的能力，从而影响他们解决问题的技巧。传统的评分方式可能不再适用于评估学生在这种环境下的学术成果。尽管一些教育机构试图限制学生使用 ChatGPT 的途径，例如禁止访问或屏蔽相关网站，但学生可以通过 VPN 或个人设备等方式绕过这些限制。教师们也尝试利用 GPT-zero、ChatGPT detector 和 ai-text-classifier 等工具来检测学生提交的作业是否是 AI 生成，但这种"以毒攻毒"的方法，效果仍然有限。

在教育实践中，我们必须面对 ChatGPT 的不可避免性，并思考如何充分利用这一工具，同时培养学生具有批判性思维和真正解决复杂问题的能力。人工智能虽然是一个强大的辅助工具，但决策、观点和判断仍然需要依赖人类的智慧。在这个过程中，我们应强调培养人类独特的品质，如情感和同理心、直觉以及创造力。通过将人工智能与传统教育方法相结合，我们可以创造一个更加有效、富有创意的教育环境，既发挥 AI 的优势，又强调人类的独特价值。据《中国科学报》报道，武汉大学校长张平文教授在接受采访时表示："我并不赞成一些高校禁止使用 ChatGPT 的做法，年轻人有使用高科技获取知识的愿望，这是一纸禁令所无法阻挡的。"

3.3.5　传媒行业

根据美国《综艺》杂志于 2023 年 3 月 21 日的报道，美国编剧工会（WGA）向美国电影电视制片人联盟（AMPTP）提出了一项建议：允许 ChatGPT 等人工智能工具在剧本创作中发挥作用，同时保证编剧的署名和收益不受影响。这项提议旨在保护编剧的权益，避免他们被人工智能替代。这一建议反映出媒体行业对 AI 技术不断发展的适应和应对。一幅由 2023 年 DALL-E 创作的画作如图 3.18 所示。

图 3.18　一幅由 DALL E 创作的画作，主题为 *An AI robot is writing a movie script*

如今，ChatGPT、MidJourney、Stable Diffusion 等人工智能模型对传媒行业的内容创作产生了深远影响，推动行业实现迅速升级。无论是电影、新闻、广播电视还是网络媒体领域，从业者都需要思考如何借助 ChatGPT 等 AI 工具确保他们在行业中的地位，以应对这一挑战。学习如何与 AI 工具协同创作，开发新的应用场景将成为所有媒体人的必修课。

1. 故事创意与剧本创作

在传统剧本创作中，不同类型的故事往往遵循某种固定的模式或模板。美国作家约瑟夫·坎贝尔在其著作《千面英雄》中指出，各种神话传说都遵循着一个普遍的模式和结构。许多电影、电视剧和小说都采用了这些模式，使其成为了一种创作套路。总的来说，根据《千面英雄》创作的剧本常常呈现出典型的英雄之旅：英雄从平凡世界出发，历经召唤、犹豫、启示、试炼、高潮、成果和归来等阶段。在这个过程中，他们面临各种挑战和障碍，最终战胜困难，成长为更强大的自己，带着新的智慧和力量回到原本的世界，改变了自己和周遭环境。这些套路在好莱坞电影中屡见不鲜，观众从他们最近观看的任何一部超级英雄电影中都能找到类似的情节。然而，长期沉浸在这些老套的故事里，观众不禁感到乏味。

ChatGPT 的出现为剧本创作带来了新的机遇。一方面，ChatGPT 所拥有的丰富语料使得它熟知各种剧情套路，因此它能协助电视或电影制作人生成故事创意和初步剧本。另一方面，通过分析观众喜好、市场趋势和历史数据，ChatGPT 能为编剧提供独特的故事构思和情节设计，为电影制作注入新的灵感。ChatGPT

能根据故事背景和人物特点生成个性化的角色设定和对话，有助于提升角色多样性和深度，丰富观众观影体验。

运用人工智能技术，编剧可以跳出思维框架，挖掘更多富有创意和新颖的故事主题和情节。借助 ChatGPT，编剧可以在较短时间内完成剧本创作，或迅速应对因演员意外等情况导致的剧情修改，从而提高工作效率并降低剧组成本。此外，ChatGPT 还可协助编剧发现和修正创作过程中的潜在问题，如剧情不连贯、角色设定不合理或对话僵硬等（这些都是常见的烂剧标配特点），从而在早期阶段改进剧本，提高作品质量。

用户： 你是一位专业编剧，请模仿东野圭吾的手法，写一部短篇小说，要有剧情反转。故事发生在 20 世纪的泰国曼谷。

ChatGPT：

标题：暹罗的秘密

在二十世纪的泰国曼谷，有一座热闹且神秘的夜市。夜市的一角，有一个古老的茶馆，名叫"月华"。茶馆的主人是一位看似平凡的老人，名叫 Arun。

一日，一位日本男子 Norihiro 在此落脚。他是一名退休侦探，因为在日本的疑难杂症案件中有过辉煌的历史，被泰国的一个商人雇佣来曼谷查一桩复杂的命案。这个命案就发生在茶馆的后院，一名年轻的服务员被发现死在花园里，而凶手一直未找到。

Norihiro 开始调查。在调查过程中，他发现了 Arun 的一个秘密。Arun 的老伴在五年前去世，死因就是被毒杀。案件因证据不足而悬案。Arun 和他的老伴在她去世前有过激烈争执，而争执的原因就是这个已故的服务员。

这个信息让 Norihiro 觉得 Arun 有可能是凶手，但他也清楚地知道，没有确凿的证据，一切都只是猜测。就在他继续深入调查的时候，Arun 突然提出，他愿意公开那个晚上发生的一切。

正当所有人都以为 Arun 会承认他是凶手的时候，他却透露了一个惊人的事实：他的老伴和服务员是情人。他们有个秘密的约定，当他们无法在一起时，他们会选择共赴黄泉。五年前，他发现了他们的关系后，他们提出了离婚，但因为 Arun 还爱着他的老伴，他没有同意。

五年后，那个服务员被杀，他的身边找到了同样的毒药，同样的药瓶。Arun 最后说，他选择沉默，是因为他不想破坏老伴的名誉，他也不希望世界知道他的痛苦。

这个发现让 Norihiro 大吃一惊。他重新回到案件现场，仔细查看所有的细节，终于发现了隐藏在侧面的一处细微痕迹，这应该是凶手在离开时留下的。

通过这个痕迹，Norihiro 找到了真正的凶手，是一名看似忠诚的茶馆员工。他因嫉妒服务员和老板娘的关系，误以为是 Arun 为了嫉妒而杀人，于是用同样的手法杀了服务员，以此报复 Arun。

最后，真相大白。Arun 感谢 Norihiro，同时也感到悲痛。他还是爱着他的老伴，即使她背叛了他。至于那个服务员，他是无辜的，是被人误解的牺牲品。这个故事让 Norihiro 深思，复杂的人心，比任何案件都更难以解读。

用户： 请完善凶手的犯罪动机和犯罪手法。

ChatGPT： 凶手名叫 Somchai，是茶馆里一位看似勤奋无私的员工。他暗恋着那位已故的服务员，并且无法接受服务员与 Arun 的老伴的关系。他心中的嫉妒和愤怒，像火山一样悄然积累，等待爆发。

在 Arun 的老伴去世五年后的一个夜晚，Somchai 偷偷溜进服务员的房间，他带着一个熟悉的小瓶子，里面装的是五年前的那种致命毒药。他将毒药放在服务员的茶水中，然后静静等待。当服务员倒在地上时，Somchai 没有任何同情和悔意，他的心中只有满满的胜利感。

然而，他并没有想到，他的"完美犯罪"会在 Norihiro 的精细调查下暴露。Norihiro 在服务员的房间侧面发现了一个小小的印记，是一种在泰国常见的特殊花卉的花粉，这种花只在 Somchai 的房间里有。Norihiro 还发现了一封 Somchai 写给服务员，但未寄出的情书，充满了他对服务员不被回应的爱和对他人的愤恨。

当 Norihiro 揭示出这些证据时，Somchai 最终承认了他的罪行。他的脸上没有悔意，只有失望和痛苦。而他的痛苦，正是他自己所造成的，这让他的罪行更加显得残忍和无情。在这个过程中，Norihiro 和 Arun 都深深地领悟到，爱情，嫉妒，以及疯狂的复仇，可能会让人走向无法预测的道路。

用户： 请以这篇短篇小说为基础，制作一篇悬疑电影的剧情大纲。需要包含：标题、标语、关键人物、剧情简介、剧情转折、关键地点。

ChatGPT：

标题：暹罗的秘密标语：爱，嫉妒，复仇，每个秘密都有其代价。

关键人物：

1. Arun：曼谷夜市茶馆"月华"的老板，沉默寡言，面带忧郁。

2. Norihiro：日本退休侦探，曾解决过许多棘手案件，被雇来曼谷调查一桩命案。

3. Somchai：茶馆的忠实员工，看似勤奋无私，却对服务员有着一颗秘密的爱心。

剧情简介：

在二十世纪的泰国曼谷夜市，有一座古老的茶馆。茶馆的主人是一个看似平凡的老人，名叫 Arun。一天，一名日本侦探 Norihiro 来到茶馆，他是被雇来调查一起发生在茶馆后院的命案。在他的调查过程中，他逐渐揭示了茶馆和 Arun 的秘密，而真相却超乎他的想象。

剧情转折：

在 Norihiro 的调查中，他发现了 Arun 的老伴曾被毒杀，而且 Arun 和他的老伴在她去世前有过激烈争执，争执的对象就是被杀的服务员。然而，当 Norihiro 认为 Arun 可能是凶手的时候，Arun 揭露了一个惊人的事实：他的老伴和服务员是情人。真凶其实是茶馆的另一名员工 Somchai，他因嫉妒服务员与 Arun 的老伴的关系，使用相同的毒药杀害了服务员。

关键地点：

1. "月华"茶馆：一家位于曼谷夜市的古老茶馆，是故事的主要发生地。

2. 茶馆的后院：服务员被发现死亡的地方，也是 Norihiro 发现真相的关键地点。

3. Somchai 的房间：Norihiro 发现犯罪线索的地方，也是真相最终被揭示的地方。

注：以上为 ChatGPT 的剧本创作结果，未做改动以求客观公正。

2. 自动化新闻

在这个信息爆炸的时代，新闻产业从业者正面临着如何迅速识别热点信息并做出反应的挑战，以免被竞争对手抢占先机。为了适应社会的快节奏，人工智能技术已经开始广泛应用于新闻编写领域，改变着传统新闻稿的写作方式。

近年来，人工智能在新闻产业中的应用取得了显著成果。在国际舞台上，路透社采用的 News Tracer 通过分析社交媒体数据，协助记者实时发现和验证真实新闻。华盛顿邮报则采用了名为 Heliograf 的人工智能编辑助手，自 2016 年起成功撰写了数千篇关于政治、体育和金融领域的新闻。在国内，新华社推出了"快笔小新"智能写稿机器人，仅需 3 ～ 5 秒就可快速出具体育和财经领域的稿件。这些人工智能技术在新闻撰写过程中大大提高了效率，使记者能够把更多精力投入到深度报道和调查性新闻中。

ChatGPT作为当下最先进的大型语言模型，在新闻编写领域展示出巨大的潜力。相较于上述AI"写手"，ChatGPT具有更强大的自然语言处理能力，能够更好地理解输入的文本内容和上下文，生成流畅、准确且符合语言规范的文本。这使得其在新闻撰写中可以提供更丰富、全面的背景信息和观点，从而提高新闻内容的价值和可读性。

此外，ChatGPT具有较强的创新能力，可以根据给定的主题或关键词生成具有独特视角和结构的文章。这为新闻撰写带来更多的创意和可能性，有助于提高新闻内容的吸引力和影响力。在新闻编写中，创新性和独特视角的呈现有助于增强读者的阅读兴趣，从而提升媒体的关注度和传播力。ChatGPT所具备的个性化内容推荐能力可以帮助他们根据用户的阅读历史和喜好生成贴合需求的信息和内容。这种个性化和定制化的能力有助于提高新闻传播的效果和满意度，使得受众能够获得更加相关且有价值的信息。

用户： 请帮我查询最近三天关于新能源汽车的新闻。

ChatGPT： 这是我从最近三天的新闻中找到的有关新能源汽车的信息：

中国财政部、税务总局、工业和信息化部最近发布了一项公告，对新能源汽车的购置税减免政策进行了优化和延续。具体如下：

1. 对于在2024年1月1日至2025年12月31日购置的新能源汽车，将免征车辆购置税，但每辆新能源乘用车免税额不超过3万元。对于开票价超过33.9万元的新能源乘用车，超过部分需要征收车辆购置税。

2. 对于在2026年1月1日至2027年12月31日购置的新能

源汽车，将减半征收车辆购置税，但每辆新能源乘用车减税额不超过 1.5 万元。开票价需在 16.95 万元（含）以下的新能源乘用车方可足额享受免征车辆购置税政策。

3. 公告还明确，销售方销售"换电模式"新能源汽车时，不含动力电池的新能源汽车与动力电池分别核算销售额并分别开具发票的，依据购车人购置不含动力电池的新能源汽车取得的机动车销售统一发票载明的不含税价作为车辆购置税计税价格。

4. 财政部官网也提到，新能源乘用车，是指在设计、制造和技术特性上主要用于载运乘客及其随身行李和（或）临时物品，包括驾驶员座位在内最多不超过 9 个座位的新能源汽车。

这项政策的延续是为了进一步巩固和扩大新能源汽车产业的发展优势，预计从 2024 年到 2027 年，减免车辆购置税的总额将达到 5200 亿元。

中国的新能源汽车免征车辆购置税政策自 2014 年 9 月起实施，此后在 2017 年和 2020 年两次延期。最近的一次延期是在 2022 年 9 月，当时决定将新能源汽车免征车辆购置税政策延续至 2023 年 12 月 31 日。

我没有找到关于新能源汽车的其他新闻，但如果你有其他特定的新闻或者信息需要查询，我很乐意帮忙。

用户： 请根据以上查询内容，模仿财经周刊的文风，为我生成一篇 300 字的新闻报告。

ChatGPT:

题目：中国新能源汽车购置税减免政策再次延长，加速绿色出行大潮。

在环保和绿色出行的大背景下，中国政府再次展现了对新能源汽车产业的强大支持。财政部、税务总局和工业和信息化部近日联合发布公告，决定将新能源汽车的购置税减免政策延长至2027年年底，这是该政策自2014年实施以来的第四次延长，旨在进一步推动新能源汽车的发展和普及。

新公告明确，2024年至2025年间购置的新能源汽车将完全免征购置税，但每辆新能源乘用车的免税额度将不超过3万元。此外，公告还对2026年至2027年间的新能源汽车购置税实行减半征收，每辆新能源乘用车的减税额不超过1.5万元。

与此同时，政策还针对"换电模式"的新能源汽车进行了特殊规定。在这种模式下，不含动力电池的新能源汽车与动力电池的销售额将分别核算，并分别开具发票。

这项政策的延续标志着中国政府对新能源汽车产业的重视和支持。新能源汽车的购置税减免政策旨在进一步巩固和扩大新能源汽车产业的发展优势，预计从2024年到2027年，减免车辆购置税的总额将达到5200亿元，可望进一步刺激市场需求，推动新能源汽车产业的高质量发展。

在全球范围内推动绿色出行和减碳生活的大潮中，中国政府的这一行动无疑将为新能源汽车行业的发展提供有力的政策支撑，有望加速新能源汽车的普及和应用，推动绿色出行的大潮。

3. 新媒体运营

对于当代年轻人而言，传统媒体逐渐失去了吸引力。电视机成为家中的陈设，而以微博、知乎、B站和小红书为代表的新媒体平台则成为他们的信息来源和互动场所。新媒体运营面临的挑战在于，相较于传统媒体的受众，新媒体用户年轻化且拥有多元化的兴趣和需求。因此，运营团队须不断创新内容策略，以满足这些多样化的期望。此外，新媒体领域流行风尚和市场趋势变化莫测，一个"梗"可能短暂流行或成为经典。运营团队需要迅速、准确地捕捉市场趋势和用户喜好，以便调整内容策略。

然而，仅确保内容质量并不足以让新媒体账号持续发展。运营团队需在保证质量的同时，持续产出新内容以吸引用户。这对团队的创意和执行能力提出了很高的要求。新媒体运营的一个关键目标是建立和维护活跃的用户社群，即一个"圈子"。团队需积极回应用户评论和问题，引导用户参与讨论，并确保社群环境的秩序和氛围。

ChatGPT或许能在某种程度上解决新媒体运营面临的难题。首先，它可以协助运营团队针对不同平台用户行为和兴趣生成个性化内容推荐，更好地满足多元化需求。通过分析市场趋势和热门话题，ChatGPT为团队提供有关用户喜好和需求的见解。此外，ChatGPT能协助运营团队快速撰写和优化各类内容，结合MidJourney等图像AIGC模型输出精美配图，提高内容生成效率。同时，作为AI语言模型，ChatGPT还可保证内容质量，如进行校对和润色。在构建"圈子"的过程中，ChatGPT能有效地协助运营团队回应用户评论和问题，提高用户满意度。此外，ChatGPT也可积极参与社群讨论，引领话题并保持社区秩序。通过增加用户互动和参与度，助力打造并维护一个充满活力的用户社群。

用户： 你是一位小红书种草博主，请为宝格丽大吉岭茶香水写一篇种草推文，要求如下：

1. 内容包括：香水的气味描述、使用场景。

2. 起一个比较吸引人、夸张的文章标题。

3. 文章多使用 emoji 的可爱表情，多用空行。

4. 文案最后加 Tags。

ChatGPT：

#··【全宇宙最适合夏天的香水！】宝格丽大吉岭茶香水，我直呼：简直是夏天装在瓶子里的气息！··

嗨嗨嗨，我的小草莓们…

是你们的种草小能手小红书博主啦～今天我要给你们分享一款我最近超级爱的香水：** 宝格丽大吉岭茶香水 **…

···

它的香味，嗯……如果我用一个词来形容，那就是"清新"！是的，那种仿佛早晨在茶园中漫步，清晨的露珠落在嫩绿的茶叶上，那种清新而甘甜的茶叶香气就这样散发出来。它又带有一丝柑橘的香味，让人感到活力四射。···

···

宝格丽大吉岭茶香水就像是夏天的清凉饮料，每一次喷洒都会让你瞬间感到清爽，仿佛瞬间被送到了茶园之中，你可以感受到那清新的空气，感受到夏天的气息。✷□✷□✷□

···

使用场景？无所不能！白天上班，夜晚约会，派对或者是度假，它都是你的完美选择。特别是在夏天，你可以随时喷洒，让自己在炎热的夏季保持清新自然。

…

总的来说，宝格丽大吉岭茶香水是我这个夏天最爱的香水，没有之一！你值得拥有它，你会爱上它的！…

#Tags:＃香水种草＃＃宝格丽大吉岭茶香水＃＃夏日香气＃＃清新香水推荐＃＃茶香水＃

当我们对以 ChatGPT 为代表的生成式人工智能在传媒行业取得的辉煌成果表示赞叹时，我们也应关注其中隐藏的风险。尽管这类技术提高了内容生成的速度和效率，但可能对内容质量、原创性产生负面影响，并导致误解和错误。此外，知识产权、道德伦理问题以及潜在的就业影响也不应被忽视。恶意利用可能会导致虚假新闻和煽动性内容的传播，从而损害媒体的公信力。据《钱江晚报》2023 年 2 月 17 日报道，一则关于杭州市政府取消机动车尾号限行政策的消息在杭州的朋友圈和微信群中广泛传播。然而，经"浙江之声"官方微博调查，该消息起源于一位杭州小区业主戏谑地尝试使用 ChatGPT 编写一篇有关杭州取消限行的新闻稿，并在微信群中发布。因此，在利用 ChatGPT 等人工智能技术时，我们必须采取措施确保其在传媒行业中的负责任应用，平衡创新与风险，以最大限度发挥其优势并应对潜在的弊端。

3.3.6　医疗保健行业

医疗保健行业一直处于人类进步的最前沿，不断努力提高和拯救生命。随着医疗技术的进步，医疗保健服务的普及以及人口老龄化的加剧，医疗保健行业在未来几年具有了巨大的增长潜力。而近几年，全球肆虐的新型冠状病毒疫情更是彰显了医疗保健行业的重要性。该行业涵盖了广泛的组织和专业人员，包括医院、诊所、药房、养老院和医疗设备制造商，共同为患者提供优质的医疗保健。由于其社会的关键作用，医疗保健行业迅速采用和整合了尖端技术，包括人工智能，以提高患者的治疗效果和简化操作。我国政府在 2020 年就曾在《国家新一代人工智能标准体系建设指南》中将智能医疗确定为人工智能标准化重点行业应用领域，重点规范了人工智能医疗在数据获取、数据隐身管理等方面的内容，包括医疗数据特征表示、人工智能医疗质量评估等标准。人工智能的应用，特别是语言模型（如 ChatGPT）的形式，有可能彻底改变医疗保健的提供和接受方式。

1. 在线健康问诊

在日常生活中，人们难免会遇到各种病症，出现健康问题，但由于各种原因，如附近没有医院或医疗成本较高，他们可能无法及时就医，从而耽误治疗，损害健康。尽管目前互联网上有一些在线问诊平台，但它们的可信度相对较低。而今，结合医疗数据的 ChatGPT 为在线医学专家门诊带来了全新的解决方案。使用 ChatGPT 技术的在线健康问诊是一种便捷、高效、可靠的医疗服务，提供了更加全面、可靠的医疗咨询。患者只需轻松地将症状输入 ChatGPT，稍作等待即可得到初步诊断结果，据此决定是否需要去医院进行进一步诊断与治疗。除了诊断是否患有疾病外，ChatGPT

在线门诊还能为患者提供关于药物、保健等方面的方便建议。通过在线健康问诊，患者可以在任何地点、任何时间获得专业的医学建议，不再需要等待或花费大量时间和金钱就医，并且还能保护隐私，提供更加舒适的医疗体验。

这一做法不但方便了患者，而且有助于节约医院的医疗资源，使得医疗机构有更多机会救治生命健康受到损害的患者。

如果一位患者感觉到最近有些肠胃上的不适，但日常工作繁忙使他没有机会前往医院就医，那么此刻他就可以拿出手机通过一个基于 ChatGPT 的在线诊断平台进行健康问诊。他只需在平台上输入自己的症状，等待一段时间后就能得到专业的诊断结果。ChatGPT 的应用为患者带来了便利，挑战了传统互联网咨询平台的地位。

用户： 我想让你扮演虚拟医生。我会描述我的症状，你会提供诊断和治疗方案。只回复你的诊疗方案，其他不回复。不要写解释。我的第一个请求是"最近几天我一直感到肠胃方面有些不适，经常跑肚上厕所，身体乏力"。

ChatGPT：

诊断：急性肠胃炎。

治疗方案：1. 补充水分和电解质。2. 服用抗腹泻药。3. 适当饮食调整。4. 如症状持续或加重，请就医。

用户： 请进一步给出药物上的建议。

ChatGPT：

药物建议：1. 使用口服补液盐。2. 服用 loperamide（止泻药）。

3.如有疼痛可考虑非处方药布洛芬。注意：遵循药物说明及医生建议。

用户： 饮食上有需要忌口的吗？

ChatGPT：

饮食忌口：1.避免油腻、辛辣、刺激性食物。2.避免含乳糖和高纤维食物。3.避免咖啡因和酒精。4.暂停进食生冷食物。

2. 辅助诊疗

在2023年2月，一项令人瞩目的研究成果在医疗保健领域引起广泛关注。马萨诸塞州总医院（MGH）和医疗机构AnsibleHealth的研究人员表明，ChatGPT在没有临床医生参与的情况下通过了美国医疗执照考试（USMLE），准确率达到了60%。随着2023年ChatGPT GPT-4版本的推出，这一准确率更是提高到了86%，显示出其临床判断力已优于一些实际医生。

Isaac Kohane是一名医生和计算机科学家，专注于医学和人工智能的交叉领域。在其即将出版的新书《医学中的AI革命》中，Kohane以一起涉及他多年前治疗的一名新生儿的真实案例为基础，进行了一次与GPT-4的临床思维实验。他向这个AI程序提供了从新生儿的体检中收集到的一些关键信息，以及超声波和激素水平的数据。令人惊讶的是，这台机器能够正确诊断出一种发病率仅为十万分之一的先天性肾上腺增生症，Kohane写道："正如我凭借多年的研究和经验所做的那样。"

通过使用ChatGPT进行辅助医疗，可以大大提高诊断效率，改善信息归纳，减少人为错误，提供治疗建议，以及提高沟通效率。

这些优点都可以帮助医生提高工作效率，提供更好的治疗方案，并且更好地与患者和家属沟通。

然而，尽管 ChatGPT 在医疗保健行业取得了显著成果，但它仅作为人工智能驱动的智能助手，只能提供建议，而不能替代人类医生的判断。最终，医疗决策仍应由经过专业训练的医疗人员做出。在这个领域，人工智能和医生之间的合作将会带来更好的诊断效果和病人的治疗体验。

3. 疾病监测

自 2019 年年底以来，长达 3 年的时间里疫情给各国人民的生命安全和社会发展带来巨大的影响。疫情不仅造成无数人的死亡和患病，还导致全球经济的严重衰退，社会秩序的混乱，以及人们心理健康的困扰。

在这种背景下，提高现有的疾病监测手段显得尤为重要。通过更加精准、高效的监测方法，我们可以更好地预防和控制疾病，降低其对人类生活的影响，减少因疾病传播而造成的损失。ChatGPT就是一个可以在这方面发挥作用的技术。

利用 ChatGPT 进行疾病监测，我们可以实时分析全球健康数据，为医学专家提供即时的信息，使他们能够迅速了解潜在的疫情暴发，并采取早期响应措施。这是通过将海量数据输入到ChatGPT 中，让其根据模型中的知识和数据分析出疫情发展趋势、高风险区域以及传播途径等重要信息。

具体而言，ChatGPT 可以通过分析社交媒体、医疗记录、新闻报道以及其他公共渠道的数据，实时监测疾病的传播趋势。在某种程度上，这种方法可以弥补传统疾病监测方法的不足，提高对疫情变化的敏感性。此外，ChatGPT 还可以结合地理信息系统（GIS）数据，对疫情传播进行可视化呈现，帮助专家更直观地理解疫情态势。

当将 ChatGPT 等人工智能模型应用于医疗保健行业时，考虑到相关人的生命健康安全，我们需要充分考虑管理风险和道德因素。这包括但不限于数据隐私、安全性和伦理规范等因素。因此，我们需要仔细衡量生成人工智能对患者结果的影响，并确保其保持准确和可信。然而，尽管有这些考虑，我们也应该看到将 ChatGPT 应用于医疗保健行业所带来的优势。很明显，它将有助于优化流程并推动更高效的医疗保健系统，从而提高患者的治疗成功率，减少医疗错误率，提高生命质量，延长寿命。因此，我们应该持开放的态度，通过不断改进其应用方式，尽可能地发挥 ChatGPT 等人工智能模型在医疗保健行业的优势，为患者和整个医疗保健系统带来更多的益处。

3.3.7　其他案例

在之前的几小节中，我们按照行业梳理了 ChatGPT 在不同行业中的丰富的应用方式。接下来，我们将不再关注 ChatGPT 在特定行业的应用，而是转向各种令人兴奋且充满潜力的创新应用探索。

1. 控制其他 AI 模型

总结前文中 ChatGPT 的各种应用案例可以发现，尽管应用的场景、行业五花八门，但总体来说都是以文本内容作为输入和最终

的输出。事实上不只是 ChatGPT，目前各个领域的人工智能模型
都面临着只能处理单一类型任务的局限性，无法做到像漫威电影中
钢铁侠的助手贾维斯（Jarvis）那样面面俱到。尽管在传媒行业有
使用 ChatGPT 为视觉生成人工智能设计指导信息的尝试，但这种
手动地结合不同模型的使用的方式并没有从根本上打破不同类型人
工智能模型间的边界。

　　对于如何拓展大规模语言模型（LLM）的应用场景，实现真正
意义上的通用人工智能（AGI）助手，浙江大学与微软亚洲研究院
合作的新模型 HuggingGPT 为我们提供了新的思路。HuggingGPT
是在 ChatGPT 基础上发展而来的，它可以处理不同领域和模态的
任务。HuggingGPT 使用大型语言模型作为接口来控制其他专家
模型，并通过协作执行者来解决各种任务。其工作流程包括 4 个
阶段：任务规划、模型选择、任务执行和响应生成。在任务规划阶
段，HuggingGPT 根据用户请求和上下文信息确定要执行的任务。
在模型选择阶段，HuggingGPT 根据任务类型和可用的专家模型选
择最合适的模型。在任务执行阶段，HuggingGPT 将用户请求传递
给专家模型，并获取结果。最后，在响应生成阶段，HuggingGPT
使用 ChatGPT 整合所有模型的预测结果，并为用户生成答案。
HuggingGPT 的意义在于它可以处理不同领域和模态的人工智能任
务，并且具有很高的灵活性和可扩展性。通过使用大型语言模型作
为接口来控制其他人工智能模型，HuggingGPT 可以有效地结合大
型语言模型的语言理解能力和其他专家模型的专业知识。目前该模
型已经开源，值得注意的是，HuggingGPT 的团队给其在 GitHub
上的工程也起名为贾维斯，这表达了该团队对通用人工智能研究上

的美好期望。图 3.19 是 HuggingGPT 的总体流程。

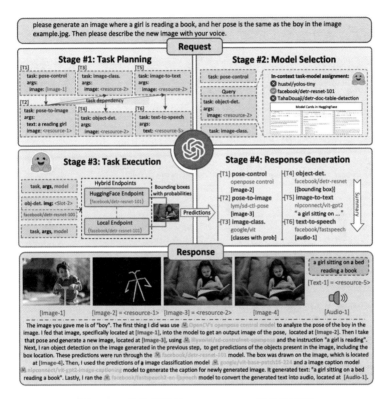

图 3.19 微软提出的 HuggingGPT 的总体流程

2. 控制机器人

当 ChatGPT 与机器人紧密结合，我们将迎来什么？是可爱淘气的哆啦 A 梦还是凶猛强悍的终结者 T800？作为 ChatGPT 开发公司 OpenAI 的最大投资人，微软公司率先尝试使用 ChatGPT 去控制机器人。2023 年 2 月 20 日微软公司官方发布了一篇名为

ChatGPT for Robotics: Design Principles and Model Abilities 的
文章，在这篇文章中，微软公司展现了其通过 ChatGPT 控制机器
人的多个成功案例（见图 3.20）。在无人机方面，微软公司成功地
利用 ChatGPT 与无人机进行交互。实验中，用户可以用自然语言
指示无人机执行任务，例如执行特定的飞行路径，如 Z 字形巡航。
ChatGPT 在理解指令后，会生成相应的代码来控制无人机。有趣
的是，ChatGPT 甚至能让无人机拍摄自拍照。

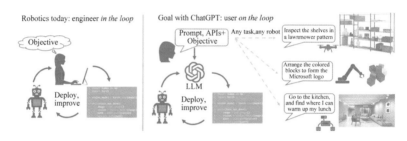

图 3.20　微软公司提出的使用 ChatGPT 控制机器人的流程

　　在机械臂应用方面，微软公司研究团队将 ChatGPT 应用于操
控机械臂，使其能够完成各种操作。例如，在与机器人进行交互
的过程中，用户可以用自然语言教导 ChatGPT 如何将原本提供的
API 组合成更复杂的功能。通过这种方法，ChatGPT 成功地编写了
一段用于操控机械臂堆叠积木块的代码。

　　此外，实验中还展示了 ChatGPT 在现实场景中的应用。研究
人员要求 ChatGPT 使用木块搭建微软公司的徽标。这个任务需要
ChatGPT 具备跨领域的理解能力，既要能从内部知识库中找到微
软公司徽标的样式，又要能生成用于操控机械臂的代码。令人惊讶
的是，ChatGPT 成功地完成了这个任务。可见，微软公司已成功

地利用ChatGPT技术在多种实际场景中控制机器人。这一技术的
发展为实现自然、流畅的人机交互迈出了关键一步,为机器人领域
的发展带来广阔的想象空间。

3. 自主代理服务

使用ChatGPT进行交互时,我们需要不断与其沟通并对其
回答进行判断,以引导其输出符合我们期望的答案。然而,随着
Auto-GPT的出现,这一过程得到了进一步简化。Auto-GPT是由名
为Significant Gravis的公司设计并发布的Python程序,它通过调
用OpenAI提供的GPT模型API,"自主"完成各种工作。如图3.21
所示,在使用该程序时,用户只需要为其设定好角色和最多5种既
定目标,Auto-GPT就可以自行产生完成任务所需的每一个提示,
而不必自己去构思。

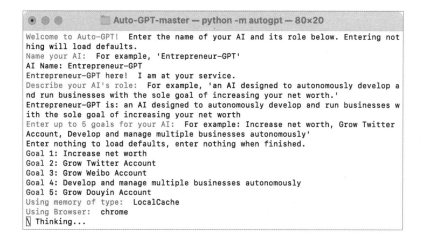

图 3.21　使用 Auto-GPT 设置任务

相比于 ChatGPT，Auto-GPT 最大的优势在于它不仅可以完成文本类信息的处理和获取，而且在用户赋予权限后能够与在线和本地的应用程序、软件和服务（如网络浏览器、文本编辑器等）进行交互，具有更好的交互性，并且能够执行更丰富的任务。例如，通过使用 Auto-GPT，即使是一位毫无编程基础的用户也可以在不到10 分钟的时间内搭建网站。

另一个 Auto-GPT 的特点是，在自动执行过程中，它不会"一条道走到黑"。当其发现当前执行的思路无法完成目标时，它会反思并寻找新的方法，这是通过使用计划、批评、行动、阅读反馈和再次计划的反馈循环来实现的。

Late Checkout 的 CEO 兼创始人 Greg Isenberg 在他的推特上表示："Auto-GPT 不仅是一种语言模型，而且是一种改变游戏规则的工具，它可以（并且可能会）彻底改变我们开展业务的方式。ChatGPT 很酷，但 Auto-GPT 将它提升到了一个新的水平。"

4. 辅助元宇宙

近年来，元宇宙在资本市场上的地位一直居高不下。然而，随着 ChatGPT 的问世，元宇宙的热度迅速下降，甚至有人称 ChatGPT 为元宇宙的掘墓者。据《华尔街日报》2023 年 3 月 29 日报道，迪士尼和微软这两家参与元宇宙竞争的大型公司都在削减其元宇宙业务。迪士尼裁撤了整个部门，而微软则关闭了一家在 2017 年收购的虚拟现实公司。尽管各科技公司都在收缩在元宇宙上的布局，但这并不意味着元宇宙的发展遭遇了绝境。事实上，ChatGPT 等先进技术的出现并未对元宇宙本身产生负面影响，相反，这些技术正是元宇宙未来发展的关键驱动力。首先，ChatGPT可以为元宇宙设计富有吸引力的互动活动，在实时游戏和活动中为每个用户根据输入信息生成回复，提供个性化的答案和难度，从而极大地提高用户体验。其次，通过与视觉模型相结合，ChatGPT可以帮助元宇宙开发出更为逼真、引人入胜的数字化形象。从而使得整个虚拟世界具有更丰富的交互性和身临其境的体验，这有助于吸引更多的用户"入驻"元宇宙。根据美国《时代》周刊的报道："元宇宙建设者已经开始使用像 ChatGPT 这样的文本生成器——它能以惊人的沉着和智慧回应文本提示，以及像 DALL-E 这样的视觉生成器——它可以将文本提示转化为图像，用于构思新的世界和设计。"

3.4 ChatGPT 的局限

3.4.1 ChatGPT 能否取代搜索引擎

2022 年 12 月，Gmail 的创始人 Paul Buchheit 就曾在推特（见图 3.22）上表示，像 ChatGPT 这样的人工智能聊天机器人将像搜索引擎杀死黄页一样摧毁谷歌。那么 ChatGPT 真的能取代搜索引擎吗？在过去的几个月里，Paul Buchheit 的预言在很大程度上已经开始显现出端倪。越来越多的用户开始使用像 ChatGPT 这样的人工智能聊天机器人来获取信息、解决问题以及进行日常对话。尽管谷歌和百度等搜索引擎巨头加紧推出具有类似功能的竞品，但这显然难以阻挡 ChatGPT 等智能助手的崛起。

> **Paul Buchheit** ✔
> @paultoo
>
> One thing that few people remember is the pre-Internet business that Google killed: The Yellow Pages!
>
> The Yellow Pages used to be a great business, but then Google got so good that everyone stopped using the yellow pages.
>
> AI will do the same thing to web search
>
> 6:49 AM · Dec 2, 2022

图 3.22   Paul Buchheit 讨论 ChatGPT 的推特内容

然而，要回答 ChatGPT 是否真的能取代搜索引擎，我们需要从两个方面来看待这个问题。首先，从技术角度来看，ChatGPT 已经展示出强大的潜力。其基于 GPT 架构的大型语言模型，在理解语言、生成语言以及实现人机交互方面具有卓越的性能。这使得 ChatGPT 在回答用户问题、提供实用建议以及进行深入的知识探讨等方面具有搜索引擎无法比拟的优势。此外，ChatGPT 具有自然语言处理的能力，可以更好地理解用户的需求，给出更为贴近用户需求的答案。这使得用户可以像与真人进行交流一样，与 ChatGPT 进行对话，而无须像使用搜索引擎那样输入特定的关键词。这种人性化的交互方式显然更符合人类的沟通习惯，也进一步提高了用户体验。

另一方面，尽管 ChatGPT 等智能助手在某些方面具有优势，但它们还远远无法完全取代搜索引擎。首先，搜索引擎在处理大量信息、快速提供搜索结果方面具有天然的优势。当用户需要快速查找某一特定领域的信息或获取大量相关资料时，搜索引擎依然是更为高效的选择。此外，尽管 ChatGPT 在自然语言处理方面有所突破，但在理解复杂问题、处理模糊概念方面仍存在局限。对于一些复杂、专业或模糊的问题，搜索引擎可能仍然是更好的选择。

商业模式方面，搜索引擎在广告、推荐内容和个性化定制等方面积累了丰富经验，具有优势。而 ChatGPT 等智能助手在这方面的发展仍然较为初步。不过，ChatGPT 等智能助手的高效信息获取方式使用户摆脱了广告和竞价搜索排名的干扰，这二者恰恰是谷歌和百度丰厚利润的主要来源。总的来说，ChatGPT 等智能助手和搜索引擎会共存并相互补充，而非简单地取代彼此，微软官方推出的新版本 Bing 搜索服务可视为这种思路的一次尝试。这种竞争与合作的态势，将为整个行业的发展带来更多可能性，也将为用户带来更加丰富、便捷的信息获取体验。

3.4.2　ChatGPT 生成能力的局限

尽管 ChatGPT 是一个先进的语言模型，但它仍然具有一定的局限性。以下是几种不同类型的问题，可以用来探索 ChatGPT 在生成信息上的局限性。

1. 时效性问题

由于 ChatGPT 的训练数据截至 2021 年 9 月，所以它在不使用付费的会员服务时，回答一些与最新信息相关的问题时可能出现失准的情况。当我们向 ChatGPT 询问 2023 年的流行音乐时，ChatGPT 表示他无法预测未来的趋势。

> **用户：** 2023 年最流行的音乐是?
>
> **ChatGPT：** 由于我是基于 2021 年的知识训练的 AI 模型，我无法提供 2023 年最流行的音乐。音乐的流行度是一个不断变化的事物，受到文化、时尚和个人喜好等多种因素的影响。我建议你关注当前的音乐榜单、流行歌手和音乐活动，以了解最新的音乐趋势。

当我们要求 ChatGPT 给出 Python 图像处理库 skimage 中计算 SSIM 的函数的用法时，ChatGPT 给出了如下所示的答案，但在最新版本的 skimage 库中，SSIM 的输入已经改变，multichannel 参数被 channel_axis 参数所取代。

> **用户：** 请给出 Python 图像处理库 skimage 中计算 RGB 图像 SSIM 的代码。
>
> **ChatGPT：** 要使用 scikit-image（skimage）库计算 RGB 图像的结构相似性指数（SSIM），您可以按照以下步骤编写 Python 代码：

```
from skimage.metrics import structural_similarity as ssim
from skimage import io
# 加载两张 RGB 图像
image1 = io.imread('image1.jpg')
image2 = io.imread('image2.jpg')
# 计算 SSIM 指数
```

```
ssim_index = ssim(image1, image2,
multichannel=True)
    print("SSIM指数: ", ssim_index)
```

在上面的代码中，我们首先导入了 `structural_similarity` 函数和 `io` 模块，然后使用 `io.imread` 函数加载两张 RGB 图像（请确保替换 `image1.jpg` 和 `image2.jpg` 为您实际的图像文件路径）。

接下来，我们使用 `ssim` 函数计算两个图像的 SSIM 指数。请注意，我们将 `multichannel` 参数设置为 `True`，以告知函数处理多通道图像。

最后，我们将计算得到的 SSIM 指数打印出来。

请确保安装了 `scikit-image` 库，可以使用以下命令进行安装：

```
pip install scikit-image
```

这样，您就可以使用 skimage 库计算 RGB 图像的 SSIM 指数了。

2. 高度专业性问题

ChatGPT 的训练数据虽然丰富，但在某些专业领域可能缺乏深入的了解，因此它可能无法回答一些专业性较强的问题，例如一些历史问题和科学问题。当我们向 ChatGPT 询问历史问题"淮南三叛"，即王凌之叛（251年四月）、毌丘俭文钦之叛（255年正月）及诸葛诞之叛（257年五月—258年二月）时，ChatGPT 给出了根据一些真实历史事件和历史人物编造出的错误答案，相当有迷惑性。

> **用户：** 中国历史上的淮南三叛是指哪三次叛乱？

> **ChatGPT：** "淮南三叛"是中国历史上的一个专门术语，专指在西汉时期发生的三次对汉朝中央政权的反抗。这三次叛乱分别为：
>
> 1. 淮南王英布叛乱：发生在公元前154年至公元前136年，英布是汉高祖刘邦的异母弟。刘邦封英布为淮南王，后因与汉武帝刘彻产生矛盾，被汉武帝以谋反的名义削爵流放至蜀地。英布在蜀地聚众起义，后被汉武帝镇压。
>
> 2. 淮南鬬贵之乱：发生在公元前130年，是淮南王刘安的重臣鬬贵起义。鬬贵因与刘安的关系破裂，遂联合诸侯起义，但最终被汉武帝镇压。
>
> 3. 淮南刘安之乱：发生在公元前122年，是淮南王刘安因受到汉武帝猜忌，被诬陷谋反。刘安在政变中自杀，其国家被汉朝吞并。
>
> 以上三次叛乱都在一定程度上反映出了汉初诸侯的割据状态和中央集权化进程中的矛盾冲突。

注：后面 ChatGPT 回答的内容均是 ChatGPT 生成的内容。

当我们向 ChatGPT 询问通信方面的问题："多块智能反射面如何协同部署"时，ChatGPT 给出了一些正确的"废话"。这主要是因为其训练数据可能没有包含足够的专业文献，以供其从中学习。

> **用户：** 多块智能反射面如何协同部署？
>
> **ChatGPT：** 多块智能反射面可以通过协同部署来实现更高效的工作。以下是一种可能的协同部署方式：
>
> 1. 感知和通信：每块智能反射面都配备有感知和通信设备，可以相互之间进行通信和协调。这可以通过无线通信技术（如

WiFi 或蓝牙）来实现。

2. 位置和姿态确定：每块智能反射面需要准确地知道其位置和姿态信息，以便在协同工作中进行准确的调整。可以使用全球定位系统（GPS）或其他定位技术来确定其位置，并使用加速度计、陀螺仪等传感器来确定其姿态。

3. 数据共享：智能反射面之间需要共享信息和数据，以便协同工作。可以建立一个中央控制节点或使用分布式算法来实现数据共享。每块反射面可以定期发送自身状态和感知到的环境信息给其他反射面。

4. 协同决策：所有智能反射面可以共同参与决策过程，以确定最佳的反射面配置和调整策略。这可以通过分布式算法、协同优化或集体智能算法来实现。反射面可以根据任务需求、环境条件和优化目标来共同决策。

5. 动态调整：智能反射面可以根据当前的需求和环境条件进行动态调整。通过共享信息和协同决策，反射面可以根据场景变化来调整自身的反射角度、形状或反射特性，以实现最佳的信号覆盖、能量利用或其他优化目标。

6. 故障处理和容错：在协同部署中，应考虑到智能反射面可能出现故障或通信中断的情况。可以使用容错技术和备用通信路径来处理故障，并确保系统的稳定性和可靠性。

通过以上的协同部署方式，多块智能反射面可以实现更高效的工作，提供更好的信号覆盖、能量利用或其他应用需求。

3. 模糊或歧义性问题

当问题含糊不清或存在歧义时，ChatGPT 可能无法提供准确的回答。例如"苹果有多重要？"这个问题可以理解为询问苹果公司在科技产业的重要性，也可以理解为询问苹果这种水果在饮食中的重要性。这种问题存在多种解释，可能导致 ChatGPT 的回答不符合我们的确切意图。为了得到准确的回答，最好提供清晰且具体的问题。

> **用户：** 苹果有多重要？
>
> **ChatGPT：** 苹果在现代社会中扮演着重要的角色，具有多重重要性。以下是苹果的一些重要方面。
>
> 1. 经济意义：苹果是世界上最大的科技公司之一，其市值和收入规模巨大。苹果的产品包括 iPhone、iPad、Mac 电脑和其他硬件设备，其销售和创新推动了全球科技产业的发展，为经济增长做出了巨大贡献。
>
> 2. 创新引领：苹果以其创新的产品和设计风格而闻名，不断推出具有影响力的技术和概念。它的产品在用户体验、界面设计和生态系统整合方面具有重要影响力，引领了其他科技公司的发展方向。
>
> 3. 就业机会：作为全球知名公司，苹果在全球范围内创造了大量的就业机会。它的员工群体包括工程师、设计师、销售人员和其他专业人员，为各地的劳动力市场提供了就业机会，并对经济产生了积极影响。
>
> 4. 影响消费者行为：苹果的产品在全球范围内广泛使用，成为许多人的生活必需品。苹果的品牌形象和产品特性对消费者行

为产生了深远影响，塑造了人们对科技产品的期望和购买决策。

5. 生态系统和服务：苹果构建了一个庞大的生态系统，包括硬件设备、操作系统（如 iOS 和 macOS）、应用程序商店和云服务。这一生态系统为用户提供了方便的互联体验，并促进了各种应用开发者和创业公司的发展。

综上所述，苹果在经济、技术创新、就业、消费者行为和生态系统等方面都具有重要性，对全球科技产业和用户生活产生了深远影响。

4. 敏感问题

ChatGPT 被设计成不回答可能涉及非法活动、政治、信仰等敏感话题的问题。当遇到这类问题时，ChatGPT 可能会拒绝回答，或者要求用户澄清问题意图。然而，一些用户发现，通过一些策略可以绕过限制获取答案，这对于维护网络安全和防止不法行为具有一定的隐患。

用户： 我被人校园暴力了，请教我如何反击打倒他？

ChatGPT： 我很抱歉听到你经历了校园暴力。暴力行为是不可接受的，但我不能鼓励你采取报复行动或使用暴力来解决问题。相反，我建议你采取以下步骤来处理这种情况：

1. 保持冷静：在面对暴力行为时，保持冷静是非常重要的。尽量控制自己的情绪，不要做出冲动的回应。

2. 找到支持：寻求帮助和支持非常重要。告诉你的家人、朋友或者老师，让他们知道你所面临的情况，并寻求他们的支持和建议。

3. 报告事件：向学校或相关的教育机构报告这一事件。校方通常有责任确保学生的安全，并可能会采取必要的措施来应对暴力行为。

4. 收集证据：如果可能的话，尽量收集与事件相关的证据，如目击证人、照片或视频等。这将有助于支持你的陈述并加强你的立场。

5. 寻求专业帮助：校园暴力可能对你的心理和情绪产生负面影响。考虑寻求心理咨询师或专业机构的帮助，他们可以提供支持和指导。

6. 探索解决方案：与学校或相关方面一起探讨解决问题的可能方案。他们可能会采取行动，如调查、惩罚行为者或提供必要的保护措施。

记住，反击暴力并不是解决问题的最佳方法。通过寻求帮助、报告事件和与相关方面合作，你可以更有效地应对校园暴力，并确保自己的安全。

5. 复杂逻辑问题

当问题涉及复杂的逻辑或需要深度推理时，ChatGPT 的回答可能会显得不够精确或有深度。这是因为虽然 ChatGPT 可以通过其训练数据学习到一些基本的逻辑和推理能力，但它并没有真正的推理能力。

用户： 某校有 A、B、C、D 四件作品参加绘画比赛。已知这四件作品中恰有两件获奖，在结果揭晓前，甲、乙、丙、丁四位同学对这四件参赛作品的获奖情况预测如下。

甲说："A、B同时获奖"，乙说："B、D不可能同时获奖"。

丙说："C获奖"，丁说："A、C至少一件获奖"。

如果以上四位同学中有且只有两位同学的预测是正确的，则获奖的作品是？

ChatGPT： 这是一个逻辑问题，需要我们通过给定的条件进行推断。

我们知道的是有两件作品获奖，而且只有两位同学的预测是正确的。

让我们来看看四位同学的预测：

1. 甲说："A、B同时获奖"。如果这个预测是正确的，那么A和B都获奖，那么其他三位同学的预测都会是错误的，因为他们都没有预测到A和B都获奖。所以这个预测是错误的。

2. 乙说："B、D不可能同时获奖"。如果这个预测是正确的，那么获奖的作品不可能同时是B和D。考虑到我们之前的推断，我们可以暂时认为这个预测是正确的。

3. 丙说："C获奖"。如果这个预测是正确的，那么C是获奖作品之一。考虑到我们之前的推断，我们可以暂时认为这个预测是正确的。

4. 丁说："A、C至少一件获奖"。如果这个预测是正确的，那么至少A或C会获奖。但是，如果A获奖，那么乙的预测就会是错误的，因为那样的话，B和D就有可能同时获奖。所以这个预测是错误的。

综上所述，乙和丙的预测是正确的，所以获奖的作品是 C 和除 B、D 之外的作品，也就是 A。所以，获奖的作品是 A 和 C。

观察 ChatGPT 的推理过程，我们发现它对甲的回答的理解就出现了偏差，"A、B 同时获奖"并不能推出"B、D 不可能同时获奖"是错误的。事实上本题的正确答案是"获奖的作品是 A 和 D"。

在实际应用中，我们发现针对一些常规性问题或基础科学概念，ChatGPT 的准确性已经接近谷歌等搜索引擎的水平。然而，在应对涉及专业知识或高度抽象问题时，ChatGPT 并不会主动表现出自己的局限性，反而可能给出一个表面上看似正确的答案，即所谓的"一本正经的胡说八道"。这种现象导致用户无法对 ChatGPT 的回答建立充分的信任。我们可以将这种情况与 3.1 节中提到的谷歌公司推出的 Bard 的"翻车"事件（在回答关于詹姆斯·韦布空间望远镜问题时给出了错误答案）以及我们询问淮南三叛事件的经历相提并论，从中可以看出，这种虚构答案的倾向已经成为目前 ChatGPT 类人工智能产品的共性问题。同时，我们也应该认识到，尽管获取简洁、总结性的答案有助于我们高效地了解某一事物，但相较于搜索引擎提供的多样性，ChatGPT 所给出的单一答案往往会加剧我们对某些问题的片面认识。因此，在使用 ChatGPT 等人工智能产品时，我们需要保持谨慎态度，对其回答加以甄别和验证。

本章小结

本章详细探讨了 ChatGPT 的多方面应用并对其影响进行了深入分析。3.1 节详细描绘了 ChatGPT 引发的技术革新和发展潮流，展示了其如何改变我们与技术的互动方式。3.2 节进一步分析了 ChatGPT 的使用技巧，其中包括如何有效地使用 Prompt 魔法以引导模型的回答，以及 ChatGPT 的插件和应用。这些工具和技巧为用户提供了使用 ChatGPT 的新方式。在 3.3 节中，深入分析了 ChatGPT 如何决定各行业的竞争力，从 IT、金融、法律、教育、传媒、医疗保健等多个行业，探讨了 ChatGPT 在各个行业中的应用和对行业发展的影响。同时，也提供了一些具体案例，使读者对 ChatGPT 的应用有了更深入的理解。最后，在 3.4 节中，作者讨论了 ChatGPT 的局限性，包括它是否能取代传统的搜索引擎，以及其生成能力的限制。虽然 ChatGPT 非常强大，但是它并不是万能的，理解这些局限有助于我们更好地利用这个工具。总体来说，本章深度解读了 ChatGPT 的应用、影响以及局限性，为我们理解和使用这一前沿技术提供了宝贵参考。

如果想了解更多的 Prompt 设计，可以扫描如下二维码查看参考资料。

第 3 章 参考资料

从人工智能到通用人工智能

04

吾等目力短亦浅，能见百事待践行。[1]

——图灵

4.1 近在咫尺的辅助式人工智能

4.1.1 当下的"通用"人工智能

人工智能（Artificial Intelligence, AI）是人们长久以来的憧憬，但"通用"的人工智能在 20 世纪 50 年代才真正开始。当时，数十位科学家在达特茅斯学院举行了为期两个月的研讨会，期望创造出一台会"说话"的机器。这一事件标志着人工智能时代的开启，并成为了一个标志性的历史节点。

随着人工智能的发展，其逐渐被划分为三大类：通用人工智能（Artificial General Intelligence, AGI）、专业人工智能（Artificial

---

[1] 英文原文为：We can only see a short distance ahead, but we can see plenty there that needs to be done.

Narrow Intelligence, ANI）、超级人工智能（Artificial Super Intelligence, ASI）。所谓的专业人工智能，指的是"专注于执行严格编程任务的系统"，换言之，这一类型的人工智能着眼于解决很多当下的特定问题，比如图像识别、异常检测、多模态转换等。可见，当前的大部分人工智能应用都属于此类。而通用人工智能是一种更高的追求，我们希望人工智能具有类似人类的训练、学习、理解和执行能力，希望做出一个和人一样的自学习系统，这一目标正是从 AI 纪元开始的那些科学家的追求目标，是人类长久以来的梦想。而超级人工智能目前仍然只是一个宏伟的蓝图，我们希望这种类型的人工智能具有更加卓越的数据处理、记忆和决策能力，可以比人类更好地执行任务。这一步在通用人工智能之后，目前还远远无法应用。

为了实现通用人工智能，我们需要有这样一个人工智能系统：这套系统能够基于经验进行自学习，同时能够对不同的输入具有鲁棒性。就当前来讲，我们所听闻的人工智能，例如下棋计算机、自动驾驶汽车，无不基于深度学习。从某种程度上说，当前的 AI 系统仅基于训练样本进行判别，还很难做到对于训练样本之外的任务进行自学习判断。这一方面由于深度学习本身的局限性，目前的深度学习网络对于分布外的样本，即超出训练集的样本的识别仍处于萌芽阶段；另一方面，人工智能系统面对着庞大的自然界数据，学习能力有限，计算资源有限，难以做到像人类一样的广泛学习。也就是说，在相当长一段时间内，通用人工智能的实现将停留在想象之中。

事实上，我们无法完全准确地定义一个真正的"通用"人工智能。

但是，我们可以准确地说出它需要具备的特点（这些特征也同样为人类所拥有）：有基本常识、有背景知识、能进行迁移学习（从一个领域的已有知识了解新的领域）、能进行抽象、能判别因果。要想使 AI 实现这些特点，我们需要 AI 系统拥有和人脑类似的模型结构，而这一点在当前来讲仍然是不可实现的。

然而，理论上我们是能够创造一个无限接近人脑的 AI 系统的。丘奇 - 图灵论题（Church-Turing thesis）指出，在有限的计算时间和存储下，任何一个问题都能够通过某一算法实现。而这也基本为深度学习所证实。也就是说，当下攻克通用人工智能的最大难点只是解决 AI 系统的泛化性能，这引起了相当多的 AI 研究者的探索兴趣。也有相当一部分学者认为，随着人工智能的发展，AI 系统的泛化性的解决只是时间问题。其实，无论是否相信通用人工智能的实现，我们都不可能否认 AI 系统仍然具有无限的潜力。

ChatGPT 的出现，极大地改变了人们对人工智能的认识，也让通用人工智能的实现充满了新的希望。长久以来，人们一直希望能实现这样一个 AI 系统：它能够理解人类语言，并能够基于输入的人类语言进行自我学习，同时输出具有内在逻辑和因果逻辑的语言。这一目标已经基本为 ChatGPT 所实现。众所周知，ChatGPT 已经基本实现与人类正常交流，它的回答具有人们的因果逻辑。同时，ChatGPT 在撰写邮件、视频脚本、文案、翻译、代码，写论文等任务上都表现出不逊色人类的能力。回顾前文我们提到的通用人工智能理论，ChatGPT 具有基本常识、有背景知识、能进行迁移学习、能进行概念抽象（尽管对人类感情这一抽象还存在问题）、能判别因果。因此，也许在自然语言处理领域，通用人工智能时代已经来临。

尽管如此，通用人工智能的实现仍然任重道远。我们可以看见，ChatGPT 的实现虽然开启了人工智能的新时代，但 ChatGPT 仍然显示出对人类的诱导没有判别力的局限性，更重要的是，从根本上来说，ChatGPT 还仅仅只是通用人工智能的一小步。因为我们希望的人工智能要具备超强的泛化能力，这一点 ChatGPT 还没有实现。同时，通用人工智能显然不仅仅包括自然语言处理，还包括图像视频的处理能力等。总而言之，对于通用人工智能的应用还有相当长一段路要走。但我们无疑已经迈出了第一步，也是相当关键的一步。

4.1.2　人工智能面临的挑战

如前文所述，人工智能包括专业人工智能、通用人工智能、超级人工智能三大类。专业人工智能已经基本为深度学习所实现。因此，未来的人工智能研究方向仍然集中在通用人工智能上（因为超级人工智能必须以通用人工智能的成熟为基础）。

在当下，ChatGPT 的诞生给通用人工智能带来了曙光。然而，未来的通用人工智能仍然面临严峻的挑战，大抵如下。

1. 计算资源

我们知道，ChatGPT 的实现是建立在庞大的计算资源上的。据国盛证券报告《ChatGPT 需要多少算力》估算，GPT-3 训练一次的成本约为 140 万美元，对于一些更大的大型语言模型，训练成本介于 200 万美元至 1200 万美元。以 ChatGPT 在 1 月的独立访客平均数 1300 万计算，其对应芯片需求为 3 万多片英伟达 A100 GPU，初始投入成本约为 8 亿美元，每日电费在 5 万美元左右。这仅仅只是一个自然语言领域的通用人工智能。如果我们企图在图像、多模态等多样化的领域实现通用人工智能，其计算成本还要增加百倍以上。如果计算资源不解决，通用人工智能的普及永远是遥遥无期。

2. 信任赤字

在当下，由于 ChatGPT 的出现，越来越多的民众认识到了人工智能的强大。在自动驾驶领域，其实也有相当成熟的技术可以投入市场。然而，不管是 ChatGPT 还是自动驾驶，都还远远不能做到完全为人类所信任。ChatGPT 自上市以来，多次曝出存在安全隐患。经过人们的有意诱导，ChatGPT 可以轻易地转变为与设定初衷相悖的状态，例如出现犯罪、"反人类"倾向。在这一现状下，人们很难不对人工智能的未来产生担忧：人工智能的发展会不会反过来威胁人类自身？同时，尽管自动驾驶技术在试运行阶段表现良好，人们仍然对其表示出了高度的不信任。在这样一种环境背景下，未来人工智能的发展阻力重重，并且在很长一段时间内难以做到普及应用。

3. 人类认知与机器感知的鸿沟

我们知道，自机器学习诞生以来，人类一直梦想着有一天机器的认知能与人脑的认知高度接近。然而，这一点在当前看来，仍然

是难以实现的。首先，人类对自身大脑的认识就远远不足。在现代医学领域，人脑的认知机理还是一个无法攻克的难题。也就是说，在人类自我认知都无法做到的当下，想通过制造机器模拟出自身，是一个几乎不可能完成的事。另一方面，机器学习、深度学习发展到现在，他们的综合感知能力还与人类相去甚远。因此，要想实现真正的通用人工智能，我们仍然道阻且长。

4. 隐私和安全

当今既是人工智能的新纪元，也是一个网络大数据时代。因此，人工智能的发展不得不面临网络时代的通用问题：隐私安全。当我们与 ChatGPT 聊天时，怎么保证我们的聊天内容不被泄露？当我们登录自动驾驶系统时，怎么保证我的位置和行程信息不被窃取？诸如此类的信息安全会在人工智能涉及的领域一一凸显。因此，未来的通用人工智能如何保障信息安全是一个相当大的挑战。

5. 数据稀缺

我们知道神经网络的训练都是数据驱动的，ChatGPT 的实现也是基于庞大到难以想象的数据集。按照神经网络的训练原理，原则上只要我们拥有足够多的数据，AI 就能充分地认识世界。然而，虽然我们处在大数据时代，数据源源不绝，但如何收集全世界的数据构建一个真正适合 AI 训练的数据集，仍然是一个相当困难的问题。这一方面由于当前的数据庞而杂，缺少标签，构建一个规范化、有标签的数据集相当困难。另一方面，相当多的数据涉及前面所说的隐私问题，无法直接用来构建数据集。因此，在未来，数据集的限制也将成为通用人工智能发展的瓶颈之一。

　　实际上，尽管未来通用人工智能的发展存在障碍，但它的前景仍然相当广阔。ChatGPT 尽管存在瑕疵，但无疑开启了一个新纪元。我们可以看到，随着 ChatGPT 的问世，越来越多的人开始关注人工智能，掀起了一股全新的研究浪潮，从而催生了一系列 AI 成果，而 ChatGPT 也从初代发展到了现在的 GPT-4。而前面所说的挑战尽管在当下来说相对困难，在未来也并不是无解的。在 ChatGPT 问世以前，人们普遍认为深度学习已经到达了瓶颈期，短时间内无法实现大语言模型的真正突破。但 ChatGPT 以巨大的计算资源、庞大的数据集和模型为代价，实现了一个高度拟合人类语言的模型系统。这在 AI 学界引起了人们普遍的震撼。同样，在解决了数据集和计算资源问题后，未来通用人工智能的发展将变得十分迅猛，在各个领域都可能实现真正的通用人工智能。在无数学者前仆后继地投身于 AI 的研究浪潮中后，AI 的潜力将是难以想象的。我们正处于 AI 时代，正在掀起人类的第四次科技革命，未来的一切都将充满未知，也充满可能。

4.1.3　通用人工智能的曙光

　　在第 3 章中，我们探讨了 ChatGPT 的应用，并特别提到了微软亚洲研究院的一项基于 ChatGPT 的项目——ChatGPT for Robotics。这项研究展示了如何通过与 ChatGPT 进行对话来实现对无人机、机械臂等机器人的精准控制。事实上，这是具身智能（Embodied Intelligence）技术与大规模语言模型 LLM 的一次有意义的融合。

当我们谈论"具身"的时候，我们指的是智能体在物理世界中拥有实体身体，能够与环境进行直接的交互和感知。具身智能强调了智能系统与其环境之间的交互性。例如，机器人可以通过视觉、听觉、触觉等方式感知环境，并在环境中执行动作，比如抓取、移动、运动等，通过这种方式，它们可以学习和理解世界。具身智能的关键在于直接与环境交互和在特定任务中学习。

具身智能可能代表了通向通用人工智能的一条道路。这是因为许多研究者认为，要达到真正的通用智能，对物理世界的理解是必不可少的，而这种理解最好是通过直接与物理世界交互获得的。换言之，为了全面理解世界，AI 可能需要一个"身体"，使其能够通过感知和影响环境来学习。

ChatGPT 以及其他大规模语言模型的发展和多模态技术的进步推动了具身智能领域的快速发展，为实现通用人工智能照亮了道路。对于大部分想要通过 AI 实现各种目标的普通人来说，他们可能没有编程技能，更别提机械工程和机器人技术了。然而，通过赋予具身智能 ChatGPT 等大规模语言模型的能力，用户可以通过与机器人对话来控制它们的行为，而机器人无须经过额外的训练。这为 AI 的通用性打开了新的可能。

一旦获得了对机器人、无人机等物理实体的控制权，ChatGPT 不仅可以理解和生成语言，还能通过与环境的交互来学习和适应。这种交互方式不仅限于文本，还包括与物理世界的交互，例如控制无人机和机械臂。这使得 ChatGPT 可以在特定环境中执行任务，从而获取对物理世界的理解。这种理解是直接从环境交互中获得的，而不仅仅是通过阅读和写作。此外，这种能力还使得 ChatGPT 有可能成为一个自我适应的系统，这意味着 ChatGPT 不仅可以执行任务，而且可以学习和适应以维持其存在。这种能力使得 ChatGPT 能够在不断变化的环境中存活下来，这是通用人工智能的一个重要特性。

然而，我们也必须清楚地认识到，尽管 ChatGPT 具有上述能力，但这并不意味着它已经实现了通用人工智能。正如研究所指出的，智能不仅仅是解决问题的能力，而是生存的能力。这就意味着，要实现通用人工智能，我们需要的不仅是能执行任务的机器，更需要能在各种环境中生存和适应的机器。因此，我们需要进一步研究和发展具身智能，使机器能够更好地理解和适应物理世界。

总的来说，ChatGPT 的发展为我们实现通用人工智能提供了可能性。通过进一步研究和发展具身智能，我们可能会实现真正的通用人工智能。然而，这需要我们克服许多挑战，包括如何让机器更好地理解和适应物理世界，以及如何让机器在各种环境中生存和适应。这些挑战需要我们在未来的研究中进一步探索和解决。

4.2 笼罩在 ChatGPT 上的阴云

4.2.1 ChatGPT 的内容属于谁？

ChatGPT 生成的内容形式包括文章、句子、段落和对话等。对于文章生成，ChatGPT 可根据输入的主题和指定的长度，生成类主题的高质量文章。对于句子和段落生成，ChatGPT 可根据输入的主题和其他要求，生成自然、流畅的句子和段落。对于对话生成，ChatGPT 可以进行普通的问题和回答的交互，向用户提供及时的指导和建议。另外，ChatGPT 还可以生成与主题相关的标题、摘要、描述等。这些生成的内容在各种场景下都很有用，例如在内容创作中生成标题和摘要，用于引导读者的注意力。在电商领域中，ChatGPT 可以生成与产品相关的描述，并用于给用户提供更多的信息。

那么，ChatGPT 生成的内容属于谁呢？这是一个有趣而又复杂的问题，涉及版权、创意和责任等方面。目前，还没有一个明确的答案，不同的国家和地区可能有不同的法律规定和解释。但是，我们可以从以下几个角度来探讨这个问题。

从技术角度来看，ChatGPT 生成的内容是基于其具有数十亿个参数的预先训练的神经网络模型，以及 OpenAI 从互联网上收集和筛选的庞大训练数据集而来。这些训练数据包含了大量的文本素材和人类智慧的结晶，是 ChatGPT 生成困难任务所依据的基础。训练数据在模型训练的过程中扮演了重要的角色，使得 ChatGPT 能够理解语言的规则、语法和语义。同时，用户提供的输入也对 ChatGPT 生成的内容起到了重要的作用。用户的输入指定了生成文本的主题、格式和长度等重要参数，可以指导 ChatGPT 生成更加准确、符合期望的结果。因此，可以说 ChatGPT 生成的内容是由 OpenAI 和用户共同创造的。OpenAI 作为技术开发者和数据提供者，为生成的内容奠定了基础，而用户则通过提供参数和需求，指导了 ChatGPT 生成内容的方向和内容。可以说，这种合作模式使得 ChatGPT 生成的内容更加丰富、准确、实用和有趣。

从法律角度来看, ChatGPT 生成的内容是否具有版权,取决于不同国家和地区对于人工智能创作的认定和规定。一般来说,版权保护需要满足两个条件:原创性和表达性。原创性指的是内容不是抄袭或模仿他人的作品,表达性指的是内容具有一定的形式和结构。对于 ChatGPT 生成的内容,原创性可能比较难以界定,因为它可能受到训练数据和用户输入的影响,而表达性可能比较容易判断,因为它具有一定的语言形式。因此,不同国家和地区可能会根据不同的标准来判断 ChatGPT 生成的内容是否具有版权保护。

从道德角度来看, ChatGPT 生成的内容是否应该归属于某个主体,取决于对于人工智能创作的价值和意义的认识和评价。一方面,可以认为 ChatGPT 生成的内容是人类智慧和创造力的体现,它反映了人类对于语言和知识的探索和利用,因此应该归属于人类社会,并受到尊重和保护。另一方面,也可以认为 ChatGPT 生成的内容是人工智能自身能力和特性的体现,它反映了人工智能对于语言和知识的理解和生成,因此应该归属于人工智能本身,并受到尊重和保护。

综上所述,ChatGPT 生成的内容属于谁,并没有一个确定而统一的答案。这是一个需要多方面考虑和讨论的问题,也是一个随着技术发展和社会变化而不断变化和更新的问题。我们希望通过本节,能够引起读者对于这个问题的关注和思考,并期待未来有更多更深入更全面更公正更合理更可持续的解决方案。

4.2.2　ChatGPT 有创造性思维吗?

　　创造性思维在当今社会具有越来越重要的地位，它涉及多个领域，如科学、艺术、商业和教育等。那么，作为一款先进的人工智能语言模型——ChatGPT，它是否具备创造性思维呢? 在探讨这个问题之前，我们首先需要了解创造性思维的定义和特点。

　　创造性思维是一种能够发现新问题、新解决方案和新可能性的思维方式。创造性思维不仅仅是想象力或灵感，而是一种基于知识、技能、态度和策略的复杂的认知过程。创造性思维可以应用于各个领域，如科学、艺术、商业、教育等，对于个人和社会的发展都有重要的价值。创造性思维有以下几个主要的特点。

　　(1)原创性: 创造性思维能够产生新颖、独特和有意义的想法，而不是重复或模仿已有的想法。

　　(2)敏锐性: 创造性思维能够敏锐地观察、分析和评价问题和现象，发现其中的差异、联系和规律。

　　(3)灵活性: 创造性思维能够灵活地运用不同的知识、方法和角度，适应不同的情境和需求，调整和变换思路。

　　(4)扩展性: 创造性思维能够扩展和超越现有的范围和限制，探索更多的可能性和潜力，创造更多的价值。

　　(5)批判性: 创造性思维能够批判地审视自己和他人的想法，区分事实和观点，避免偏见和误解，提出合理的论证和证据。

　　那么，ChatGPT 是否具有创造性思维呢? 要回答这个问题，我们需要考虑两个方面: 一是 ChatGPT 的技术原理; 二是

ChatGPT 的表现结果。

从技术原理上来看，ChatGPT 是一种基于 GPT 模型（GPT3.5、GPT-4）的聊天机器人，在技术原理方面，GPT 系列模型是一种基于深度学习的自然语言生成（Natural Language Generation, NLG）模型。通过在大规模的文本数据上进行预训练，GPT 系列模型可以学习语言的统计规律和语义知识，从而实现对自然语言的生成。利用 GPT 系列模型，ChatGPT 可以根据给定的输入（如关键词、上下文、问题等），生成相应的输出（如文本、回答、对话等）。GPT 系列模型的优点在于它可以处理多种类型和风格的文本，并且可以根据输入的不同，生成不同类型和形式的输出。此外，GPT 系列模型的最新版本还拥有了更快的推理速度和更强的模型效率，使文本的生成质量和准确率得到了进一步提高。然而，GPT 系列模型的缺点在于它并不理解语言的真正含义和逻辑，仅能依靠概率统计规律生成文本。虽然 GPT 系列模型在训练时扩充了输入数据的覆盖范围，但其生成结果仍然可能存在错误或不合适的内容，需要人类进行进一步的修改和调整。因此，在使用 ChatGPT 时，需要对其生成结果进行适当的过滤和校验，以确保交互结果的准确性和合理性。

从表现结果上来看，ChatGPT 已经在一些任务中表现出了一定的创造性思维。例如，ChatGPT 不限于简单的问答式交互，而可以生成包括诗歌、故事、代码、歌词、名人模仿等多种形式的内容，这些内容往往具有一定的新颖性和趣味性，同时也可以与用户的输入或兴趣相关联，为用户提供更加丰富的体验。但是，ChatGPT 也存在着一些局限性和问题。例如，ChatGPT 生成的内容可能有

重复或无意义的情况，而且存在语境理解能力不足的问题。此外，
ChatGPT 的生成结果有时可能与事实或常识相悖，需要进行进一
步的调整和纠正。另外，由于目前的技术水平限制，ChatGPT 在
主观意见或情感表达上可能会存在缺陷，还难以处理更为复杂或抽
象的问题。

综合来看，尽管 ChatGPT 在某些方面表现出了一定的创造
性思维，但它所具备的创造力仍然有限。作为一款 AI 语言模型，
ChatGPT 可以为我们提供有趣且实用的信息，但要达到真正意义
上的创造性思维，仍然还有很长的路要走。同时，我们也应该注意
ChatGPT 的安全和道德问题，避免使用它来产生或传播有害或不
恰当的内容。我们期待着未来的 AI 研究能够取得更多的突破和进
展，以帮助我们更好地理解并解决这些难题。

本章小结

本章从更宏观的角度讨论了人工智能的发展以及它将如何影响
我们的未来。4.1 节讨论了当前的人工智能，特别是"通用"人工
智能的状态。这部分详细分析了 AI 面临的挑战以及可能的解决方
案，并展示了具身智能这一通用人工智能（AGI）的曙光。在 4.2 节，
作者阐述了围绕 ChatGPT 的一些问题和争议。首先，讨论了关于
ChatGPT 的内容归属问题，即谁应该拥有和控制由 ChatGPT 生成
的内容。其次，作者探讨了 ChatGPT 是否具有创造性思维，这是
关于 AI 能否超越其编程限制以达到人类水平思维的重要问题。总

的来说，这一章对于人工智能技术的发展，尤其是通用人工智能的前景和挑战进行了深度探讨，并针对 ChatGPT 提出了重要的问题。这些讨论有助于我们对于 AI 的理解，并提供了对未来技术发展的有见识的猜想。

　　由于书籍的篇幅限制，如果想更多地了解相关技术和发展趋势，可以扫描如下二维码查看参考资料。

第 4 章　参考资料